交通运输部2021年度交通运输行业重点科技项目（2021-MS1-040）、南京水利科学研究院中央级公益性科研院所基本科研业务费专项资金项目（Y221008）、南京水利科学研究院出版基金资助出版

水运交通基础设施 与能源融合发展研究

戴 鹏◎著

U0220695

河海大学出版社
HOHAI UNIVERSITY PRESS

·南京·

图书在版编目(CIP)数据

水运交通基础设施与能源融合发展研究 / 戴鹏著
. -- 南京：河海大学出版社，2023.12
ISBN 978-7-5630-8589-7

Ⅰ. ①水… Ⅱ. ①戴… Ⅲ. ①潮汐能－海洋开发②潮
汐能－能源开发 Ⅳ. ①P743.3

中国国家版本馆 CIP 数据核字(2023)第 241801 号

书　　名	**水运交通基础设施与能源融合发展研究**
	SHUIYUN JIAOTONG JICHU SHESHI YU NENGYUAN RONGHE FAZHAN YANJIU
书　　号	ISBN 978-7-5630-8589-7
责任编辑	张心怡
责任校对	金　怡
封面设计	张世立
出版发行	河海大学出版社
地　　址	南京市西康路 1 号(邮编:210098)
网　　址	http://www.hhup.com
电　　话	(025)83737852(总编室)　(025)83722833(营销部)
经　　销	江苏省新华发行集团有限公司
排　　版	南京布克文化发展有限公司
印　　刷	广东虎彩云印刷有限公司
开　　本	718 毫米×1000 毫米　1/16
印　　张	9.75
字　　数	178 千字
版　　次	2023 年 12 月第 1 版
印　　次	2023 年 12 月第 1 次印刷
定　　价	73.00 元

前言

党的二十大报告提出,积极稳妥推进碳达峰碳中和,加快建设交通强国,加快规划建设新型能源体系。"双碳"目标下,水运交通领域的碳减排需求巨大,推动水运交通与能源绿色融合发展势在必行。大型沿海港口是重要的水运交通基础设施,是海洋开发与国际贸易的战略支点和枢纽,是能源消耗与环境污染的重要源头,沿海港口的节能减排工作已经得到国家各级主管部门与行业各方面的高度重视。

本书采用平面二维潮流数学模型,在对实测资料验证良好的基础上,复演了我国强潮河口杭州湾内舟山海域的潮波运动特征,评估了舟山海域潮流能的理论储量与技术可开发量,分析了近年来宁波舟山港舟山港域港口能耗的变化规律,探索了舟山海域潮流能与周边大型港口基础设施融合发展的可能性。结果表明,舟山海域潮流能资源富集区域主要位于龟山航门、灌门水道、西堠门水道和螺头水道,其年均潮流能功率密度可达 $6 \sim 8 \ kW/m^2$;大潮阶段各条水道流速超过第一代水轮机和第二代水轮机技术阈值的时长比例分别达到 60% 和 40%;涨落急流速较为对称;受岛屿岸线束缚,潮流涨落以往复形态为主,是开发潮流能的理想海域。Seagen-S 2MW 水轮机单排阵列、两排阵列和 Sabella D10 水轮机单排阵列、两排阵列的发电量分别为 31 154.4 MWh、58 898.4 MWh、9 000 MWh、18 537.6 MWh,分别占到宁波舟山港舟山港域 2019—2021 年平均当量电力能耗 971 694.7 MWh 的 3.2%、6.1%、0.9%、1.9%,所占的比例较小,体现出需要充分利用港口自然资源禀赋,将潮流能与太阳能、风能以及其他海洋可再生能源品类协同开发,共同优化港口能源结构的发展方向。

衷心感谢交通运输部 2021 年度交通运输行业重点科技项目(2021-MS1-040)、南京水利科学研究院中央级公益性科研院所基本科研业务费专项资金项目(Y221008)、南京水利科学研究院出版基金为本书出版提供的资助。

目录

1

水运交通基础设施与能源融合发展的战略意义

1.1 交通能源融合发展的历史

交通,纵横而交错,往来而通达,承载着人类历史的繁衍轨迹;能源,自然之造物,动力之根本,维系着人类的生存与发展。交通与能源是人类各文明共同关注的两大永恒主题!

回顾历史,能源作为交通的基础使能领域,交通作为能源的最大负荷领域,能源与交通的融合发展一直是保障人类社会合理、有效和可持续演进的重要客观条件。能源与交通的每一次协同创新,都极大地提高了社会生产率,促进了科技进步,进而塑造了不同时期的人类文明特征。生物质能源与畜力交通的融合成就了农业文明,蒸汽机与第一代化石能源(煤炭)的融合拉开了工业文明的序幕,机车及铁路与第一代二次能源(电力)的融合促成了第二次工业革命,大力推动了工业文明的发展。与此同时,借由历次工业革命,在能源与交通相辅相成、互相促进与融合发展的作用下,世界各国的经济地位和战略格局在不断发生着变化与革新。

1.1.1 畜力化驱动的交通发展阶段

虽然人类在旧石器时代就已经掌握人工取火的能源转化技术,但在以农耕文明为主要特征的生活场景中,交通出行主要依靠由牛、马等牲畜提供驱动的牛车、马车等交通运输工具(图 1.1)。在此阶段,受制于牲畜自身体能、体力等客观条件,交通载运能力、人类活动空间位移范围均受到较大限制,交通工具受益人群、普及性均受到很大制约。

1.1.2 蒸汽化驱动的交通发展阶段

18 世纪末 19 世纪初,从英国发起的技术革命逐渐影响全世界并形成了第一次工业革命,人类认知水平、科学素养、技术能力出现了长足进步,机器逐步替代手工生产,工业区和工业城市逐渐形成,工业文明逐渐兴起。在此过程中,以蒸汽机车为驱动的交通载运装备应运而生(图 1.2),煤炭取代人力、畜力成为交通载运装备的主要动力能源。蒸汽化车辆具备的新型交通载运装备形态、运行方式和运行效率极大地改变了人类出行模式,出行范围、通行能力都得到了质的飞跃。

图 1.1 生物质能源与交通的融合发展模式

图 1.2 第一代化石能源与交通的融合发展模式

1.1.3 内燃化驱动的交通发展阶段

19 世纪中叶内燃机的诞生,为后续轿车、卡车、巴士、船舶等内燃化交通载运装备的发展开辟了新途径,石油逐步取代煤炭成为交通载运装备的主要动力能源。在此阶段,由于内燃机与石油配合的工作模式效率远高于蒸汽机工作模式,因此交通载运装备动力系统较之前蒸汽化机车又实现了质的飞跃,加上燃油补给站点分布的普及性及加注过程的便捷性,使得内燃化驱动的交通方式在其诞生后的一个多世纪中绝对主导了交通出行方式,极大地促进了产业革命乃至人类文明的发展(图 1.3)。

图 1.3 内燃化驱动的船舶

1.1.4 电气化驱动的交通发展阶段

电动汽车最早诞生于 19 世纪末期,但由于其受到经济性、续航里程、充电便捷性等因素制约,很快便沉寂于内燃机汽车发展的洪流之中。直至 20 世纪 70 年代爆发了国际石油危机后,世界各国意识到石油资源作为不可再生化石能源,在未来的某个阶段注定要被其他能源所替代,因此世界主要工业大国又先后重启了电动汽车研发计划与产业发展规划。时至今日,在全球气候变暖、化石能源危机、环境可持续发展等诸多因素的共同推动下,进一步强化了交通领域电气化发展的趋势。

作为交通基础设施,越来越多的港口企业考虑将可再生能源发电作为港口下一步规划的有机组成部分,与港口融合发展。印度金奈港从时间、效率、空间三个方面,评估了港口区域供能以光伏为手段的可行性,并逐步建立试点工程。港口仓库屋顶蕴含潜力巨大的风、光自然禀赋,新加坡裕廊港利用仓库屋顶安装了光伏电池,通过租赁模式创造了 1 200 万 kWh 的年发电量;汉堡港安装了 20 多台风力发电机,装机容量 25.4 MW。其他可再生能源如地热能、潮流能[1]、波浪能[2]等都在港口中开始应用。

(a) 电力机车

(b) 电动汽车

(c) 豪华电动船品牌 ALVA Yachts 推出的双电机太阳能双体船

图 1.4　电力与交通载运装备的融合发展模式

自工业革命以来,交通对于能源的大量消耗以及能源使用过程中带来的负面效应,使二者产生了不可调和的矛盾,尤其是自内燃化交通的普及开始,城市、交通、能源、环境之间的矛盾日益突出。遏制气候危机、拯救地球家园是人类面临的最复杂挑战之一。随着《巴黎协定》的签订,世界各国均提出温室气体减排目标,都把发展可再生能源和低碳交通作为竞相占据的新的战略制高点,并作为争取可持续发展主动权的关键因素。

滚滚的历史车轮正驱动着人类文明迈向新的阶段,即遵循人、自然、社会和谐发展的这一客观规律的生态文明。在绿色、低碳、清洁、可持续等生态文明共同目标的引领下,交通能源融合发展是能源系统和交通系统转变发展模式并协同共进的新阶段;是尊重自然、顺应自然和保护自然的有力举措;是建设美丽中国、实现中华民族伟大复兴中国梦以及实现习近平总书记"一带一路"倡议的创新实践;是绿色发展支撑构建人类命运共同体的必然路径。在新时代中国特色社会主义的发展下,交通能源融合发展必将贯穿和影响我国政治、经济、社会与文化建设的全过程,成为建设中国特色社会主义并惠及全人类生态文明的重要物质基础!

1.2 交通能源融合发展的战略意义

1.2.1 交通和能源行业是践行"双碳"战略的关键领域

自碳达峰碳中和战略目标提出以后,中共中央、国务院先后出台《中共中央 国务院关于完整准确全面贯彻新发展理念做好碳达峰碳中和工作的意见》《2030年前碳达峰行动方案》等顶层政策,交通与能源等重点行业走绿色低碳发展道路成为必然选择。

《交通强国建设纲要》《国家综合立体交通网规划纲要》是新时代我国交通运输发展的战略性、纲领性文件,是新时代交通运输发展的总抓手,对交通运输与能源融合发展的要求总体可概括为"三个统筹":空间布局统筹、设施资源共建共享统筹、模式和技术创新统筹。加快建设交通强国和能源强国,在交能融合领域,建议进一步做好"五个协同":交通与能源两大体系规划的实施协同、交通运输供给与能源运输需求的动态协同、交通基础设施建设与新能源及清洁能源开发利用的布局协同、能源调配与交通新能源装备用能的有机协同、交通与能源的对外开放协同。

《"十四五"现代能源体系规划》指出,要实施重点行业领域节能降碳行动,构建绿色低碳交通运输体系,优化调整运输结构,大力发展多式联运,推动大宗货物中长距离运输"公转铁""公转水",鼓励重载卡车、船舶领域使用LNG等清洁燃料替代,加强交通运输行业清洁能源供应保障。《"十四五"可再生能源发展规划》提出要促进可再生能源与交通领域交叉融合,推动光伏在新能源汽车充电桩、铁路沿线设施、高速公路服务区及沿线等交通领域的应用,因地制宜地开展光伏廊道示范建设,扩大氢能等清洁燃料在交通载具中的规模化替代。对于能源电力行业来说,既要调整自身产业结构,降低碳排放强度,又要承接交通等行业转移的碳排放,因此能源电力行业是碳达峰的主战场。

2021年8月,交通运输部、科学技术部联合发布《交通运输部 科学技术部关于科技创新驱动加快建设交通强国的意见》,要求充分发挥科技创新在推动交通运输高质量发展中的关键作用,加快构建安全、便捷、高效、绿色、经济的现代化综合交通体系,强化绿色融合基础理论研究,促进安全绿色技术与交通运输融合发展。

2022年,交通运输部、科学技术部联合印发了《交通领域科技创新中长期发展规划纲要(2021—2035年)》《"十四五"交通领域科技创新规划》。这两项交通科技领域的专项规划均指出要聚焦绿色交通基础设施、清洁载运工具、高效运输组织等方面开展科技攻关,重点突破新能源与清洁能源创新应用、生态保护与修复、交通污染综合防治、监测监管等领域的关键技术。推进新能源与清洁能源的创新应用关键技术研究。

1.2.2　交通和能源创新是技术革命的重点发展方向

交通和能源是国民经济发展的重要支柱和基础产业,均具有持续创新发展的重要需求,交能融合正是推动两个行业创新的重要举措和方向。未来交通行业将不再是单纯的能源消费者,而是深度参与能源"源-网-荷-储"全流程的重要实践者。在源侧,亟须探索公路、水运、轨道、城市等全交通场景下的分布式供能技术,充分开发陆域新能源资源,积极推动交能融合新基建;在网侧,需要探索实现交通与能源基础设施网络的互补支撑,激发交通土地资源、新能源开发潜力等,促进能源网与交通网的协同互补发展;在荷侧,既要大力推进交通载具的清洁用能替代技术,也要统筹布局充换电站、加氢站等新型基础设施;在储侧,需要积极探索新型储能技术在交通领域的应用,尽快突破经济可行的灵活虚拟储能技术。此外,在交能融合规划设计与建设过程中,需要积极探索交通基础设施和沿线新能源资源的一体化规划方法。

1.2.3　交通和能源融合是激发市场活力的重要载体

面向"交通＋",低价新能源的融入将有效降低交通网的用能成本,提高交通的运营效益,助力路衍经济发展,为交通基础设施和交通运输网络等传统基础性投资建设注入新动能。面向"能源＋",通过充分挖掘交通基础设施沿线的新能源与土地资源,配套建设风电、光伏、储能,特殊场景下示范制氢、制氨、储热等,以价格等市场化机制来引导交通负荷的用能行为,可以实现源荷协同互动,提升新能源的就地消纳水平,促进新能源的高效利用。

交通运输是能源消耗的重要用户,能源供需布局在很大程度上影响着交通运输线路的布局;能源行业是交通行业的必备支撑,能源的输送与调运也离不开交通运输。在政策导向和应用前景的双重激励下,交通和能源的深度融合发展,必将拓展交通流量的延伸收益,开拓能源建设的广阔空间,激发巨大的市场活力。

1.3　水运交通的重要性

水路交通运输简称"水运",是以船舶为主要运载工具,以港口或港站为运输基地,在江河、湖泊、人工水道及海洋上完成旅客与货物运送的一种交通运输方式。水路运输系统由水域航道、船舶、港口等各种基础设施与服务设施组成。

水路运输的基础设施包括港口、港口设施和助航设施。港口是位于海、江、河、湖、水库沿岸,具有水陆联运设备及条件以供船舶安全进出和停泊的运输枢纽。港口是水陆交通的集结点和枢纽,是工农业产品和外贸进出口物资的集散地,也是船舶停泊、装卸货物、上下旅客、补充给养的场所。港口设施是港界内的水工建筑物、陆上建筑物及所有装卸机械的总称。助航设施用于指示航路和标识区域,包括标识航道的航标、雷达信标,无线电定位系统等。我国港口规模庞大,世界十大港口有7个在中国[3]。我国沿海、沿江、内河各类港口分布密集,已形成以深圳港、上海港、天津港为海运主枢纽港,以宁波港、舟山港、广州港、秦皇岛港、青岛港、大连港、日照港等为海运区域性重要辅助港,以其他地方中、小港口为补充港口的系统性网状地理布局。

水路运输在交通运输体系中发挥着无法替代的作用,是我国沟通内外的重要桥梁和融入经济全球化的战略通道,有力地保障了经济社会的持续健康发展。目前,水路货物运输量、货物周转量在综合运输体系中分别占12%和63%,内河干线和沿海水运在"北煤南运""北粮南运""油矿中转"等大宗货物运输中发挥了主通道作用,对产业布局调整和区域经济发展发挥着重要作用。近年来,水路运输在港口和远洋运输方面更是迅速发展,我国已发展成为世界港口大国、航运大国和集装箱运输大国。水路运输承担了90%以上的外贸货物运输量。其中,95%的原油运输和99%的铁矿石运输都是依靠水路运输来完成。

水路运输能够带来巨大的社会经济效益。在运输成本方面,水路运输成本仅占铁路运输成本的20%,不到公路运输成本的10%。如果是长距离的运输,则水路运输方式能够获得更高的经济利益。此外,水路运输最大的直接效益是带动了港口的经济发展,水路运输的发展使一些具有优越地理条件的港口成为物流集散地,吸引大量的人力资源,带动了当地经济的发展。除了带来直接的经济效益以外,水路运输的发展还能够带来间接效益。首先,水路运输的发展对产业布局能够产生一定的影响,港口城市的发展能够带来资金的流动,同时大量的人口聚集也能够促进服务业的发展,促进产业布局进一步合理化;其次,水路运输的发展还能够促进我国船舶制造业、物流运输业的进一步发展,同时对区域经济的发展也能够起到一定的带动作用。

图 1.5　上海港洋山港区俯瞰图

图1.6 上海港洋山港区正在繁忙地装卸作业

1.4 水运交通基础设施与能源融合发展的新内涵

水运交通基础设施包括内河港、沿海港、内河航道、海港航道等,本书以海港为例,研究水运交通基础设施与能源融合的模式。大型海港是海洋开发与国际贸易的战略支点和枢纽,是能源消耗与环境污染的重要源头。以上海市为例,2015年船舶排放的二氧化硫、氮氧化物分别占当地排放总量的25.7%和29.4%,已成为港口城市最主要的污染物排放来源之一。在"碳达峰、碳中和"这一大战略背景下,港口的节能减排已迫在眉睫。

我国一直积极探索和大力发展水力发电、太阳能光伏、风能、潮流能、波浪能等可再生能源品类,可再生能源装机容量位居世界首位,绿色能源占比逐年攀升。为实现"双碳"目标,未来能源供给中的可再生能源占比会加速提升,因此我国一次能源结构会随可再生能源结构实现绿色化的形态变迁。在这种"能源供给绿色化发展"的背景下,水运交通基础设施的动力能源也会随之动态调整适应,能源消纳表现出风、光、氢、水、潮、波比重增加的态势,逐步实现绿色港口综合能源系统低碳化和近零排放,最终助力交通行业实现碳达峰。

我国道路交通基础设施所拥有的土地、沿海港口拥有的海域蕴含着巨大的风、光以及海洋可再生能源等自然禀赋,作为一次能源可以经济高效地因地制宜转变为电能或氢能等二次能源加以开发、储存、输送和利用。在道路交通领域已经有许多示范项目开展了车站、服务区、道路枢纽等交通基础设施资产能源化的实践尝试[4]。水运领域也正在进行试点,例如南通港横港沙新基地光伏发电项目(图1.7),这些实践都将为交通能源融合发展提供宝贵经验。伴随国家政策的支持,交通行业自身力求实现低碳发展的压力倒逼交通能源系统及其用能形态根据这种供能结构变化做出调整,以实现交通系统自身全生命周期的"碳达峰、碳中和"目标。

技术的发展令太阳能、风能、潮汐能、波浪能等多种可再生能源在港口的应用成为可能[5],"油改电""岸电""新能源船舶"等工程的实施使得港口成为交通物流与能源系统紧密耦合的工业枢纽。在此背景下,水运交通基础设施与能源的融合发展特别是与可再生能源的融合发展,以及促进环境保护成为

图1.7 水运交通基础设施上蕴含的光伏自然资源禀赋

我国能源结构升级、生态绿色发展道路中亟须研究的热点[6]。以电能替代为契机,建设低碳化绿色港口综合能源系统不仅顺应了时代发展的要求,也是港口发展的必然趋势[7]。

1.5 海洋潮流能的战略定位

海洋可再生能源具有开发潜力大、可持续利用、绿色清洁等优势,据联合国政府间气候变化专门委员会(IPCC)于 2011 年发布的《可再生能源与减缓气候变化特别报告》,全球海洋可再生能源理论上每年可发电 $2\,000\times10^{12}$ kWh,这约为 2017 年全球发电量的 78 倍。随着国际社会对气候变化、保障能源安全等问题的关注度日益提升,加快发展可再生能源已成为国际共识。

沿海国家更加重视对海洋可再生能源的开发利用,将海洋可再生能源产业作为战略性产业加以培育。海洋能资源是可再生能源的重要组成部分,具有开发潜力大、可持续利用、绿色清洁等优势,可精准预测、按需定制、就地产能、就近消纳,是"智慧能源"的典型代表。海洋能产业是新发展阶段重要的战略性新兴产业,为贯彻新发展理念,服务构建新发展格局,推动高质量发展,面对"十四五"时期我国经济转型升级、高质量发展的总体要求,大力发展海洋能产业,对提升海洋能产业发展质量和核心竞争力,构建清洁低碳、安全高效的能源体系,全面促进资源节约集约利用,实现"碳达峰、碳中和"目标,服务生态文明和海洋强国建设具有重大战略意义[8]。

潮流能作为海洋可再生能源中的重要组成部分,相较于其他海洋能而言,具有较强的规律性和可预测性,且潮流能的开发利用装置一般安装在海底或漂浮在海面,无须建造大型水坝,对海洋环境影响小,也不占用宝贵的土地资源。与风能和太阳能相比,潮流能的能量密度,约为风能的 4 倍、太阳能的 30 倍。为提高海洋能开发利用能力,推进海洋能技术产业化,拓展蓝色经济空间,在"十四五"海洋经济发展规划中,更是把绿色发展作为海洋经济发展的基本原则之一,这些都为我国开发利用潮流能提供了有利条件。

图 1.8　英国 Marine Current Turbines 公司开发的 Seagen-S 2MW 水轮机

2

海洋潮流能的评估方法

2.1 海洋潮流能评估方法

目前,潮流能资源总量的基本概念和评估方法并不统一。其中,基于能通量理论基础的 Flux 方法和 Farm 方法原理清晰、使用方便,但未考虑潮流能水轮机运行后对原始流场造成的影响;GC(Garrett and Cummins)法通过从简化的一维动力平衡方程出发,推导出了理论狭长水道和小海湾的潮流能资源的可开发总量,但过多的假设条件使得该方法在实际应用时存在着一定的困难[9,10]。Wu 等[11]曾利用上述三种方法分别估算了琼州水道的潮流能资源,结果表明,Flux 方法的结果与 GC 法接近,与 Farm 方法差异较大,其原因主要与 Farm 方法的布局规则有关。

(1)郑志南方法

国内的潮流能资源技术可开发量的评估方法主要为郑志南(1987)提出的近似正弦曲线法,该方法利用潮波显著的半月周期构造了潮流正弦变化曲线,并通过一些简单近似和机组效率因子得到潮流能技术可开发量。潮流与潮汐相似,存在数百个周期变化,最长周期达 18.61 年。其中,以半日周期和半月周期最为明显,因此该方法对大潮、小潮的流速极值构造出一个振幅逐渐变化的正弦函数曲线,经数学推导后得到下式:

$$\overline{P} = \frac{1}{12\pi}(5 + 3a + 3a^2 + 5a^3)P_s \tag{2.1}$$

式中:$a = V_n/V_s$,V_n 为小潮最大流速,V_s 为大潮最大流速。在技术可开发量估算方面,该方法也采取了类似 Farm 方法。

(2)Farm 方法

Farm 方法是于 1996 年在开展欧洲潮流能资源调查工作时被提出的,该方法不考虑运行过程中潮流能水轮机阵列之间的相互影响,仅以装置所在站位的潮流资源条件和装置特性为输入条件,认为其整个阵列的潮流能资源可开发总量等于各发电机组所计算资源量的算术和,其评估结果与潮流能机组的类型、尺寸、启动流速、转换效率、布放水深等因素有关。

平均功率密度 P_m 为:

$$P_m = \frac{1}{2}\rho \overline{V}^3 \tag{2.2}$$

单台潮流能机组的平均功率密度 P_d 可表达为：

$$P_d = P_m A_S c \tag{2.3}$$

式中：$A_S = \pi\left(\dfrac{D^2}{4}\right)$，为水轮机叶轮扫过的面积，$D$ 为叶轮直径；c 为发电机组的转换总效率，即叶轮效率、传动效率、发电机能量转换效率以及电力传输效率等各环节效率之积。

潮流能水轮机阵列的可开发量为：

$$P_t = P_d \times N_d S \tag{2.4}$$

式中：S 为潮流能水轮机阵列的海域面积；N_d 为单位面积海域下的水轮机台数。

（3）Flux 方法

Flux 方法主要在基于能通量理论以及不对原有水道或海域的动力形态和生态环境造成重大改变的前提下提出，认为潮流能水轮机的运行对原始流场造成的影响使其资源可开发量为通过某水道或海峡等水体截面理论能通量的一部分，该比值可称为有效影响因子（SIF），与设备无关。其中，理论能通量 P_E（即理论蕴藏量）为平均功率密度和水道截面面积 A_{cS} 之积：

$$P_E = P_m \times A_{cS} \tag{2.5}$$

潮流的可开发量可表达为总蕴藏量与有效影响因子的乘积：

$$P_t = P_E \times SIF \tag{2.6}$$

式中：SIF 的取值范围主要介于 $10\% \sim 20\%$ 之间。其中，水道、开阔水域、海岬等类型的海域一般取 $10\% \sim 20\%$，潟湖取 50% 以内，共振河口推荐取小于 10%。

（4）GC 法

英国学者 Garrett 和 Cummins 针对岛屿间的水道和小海湾（海湾长度远小于潮波波长）这两种典型海域开展了潮流能资源可开发量的理论研究，通过建立一维动量守恒方程求解最大可能提取的潮流能资源总量。其针对狭长水道的潮流能可开发量计算公式为：

$$P_{\max} = \gamma \rho g a Q_{\max} \tag{2.7}$$

式中：a 为水道两端的最大水位差；Q_{max} 为自然状态下水道最大通量；系数 g 取值 0.21～0.24。上式仅考虑了单个分潮的情况，但实际的海洋潮波运动是 M_2、S_2 等多个主要分潮共同作用的结果，因此实际海域的潮流能估算所采用的公式需修订后使用。对小海湾海域，假设湾内潮位无剧烈变化且分布均匀，潮流由海湾内外的潮位差 $a \times \cos(\omega t)$ 形成的压强梯度力驱动形成。潮流能水轮机布放于流速最大的湾口处。经研究发现，当由潮流能水轮机发电形成的摩擦阻力两端潮差变为原状态下的 74％时，可获得最大可开发量 P_{max}，计算公式为：

$$P_{max} = 0.24 \times \rho g a Q_{max} \tag{2.8}$$

需要指出的是，上述方法中的可开发量均指在一定技术条件下的潮流能资源的功率平均值，而风电评估中的技术可开发量更多是指风电资源的装机容量（功率峰值），两者略有不同。

2.2 舟山海域潮流数学模型的建立

（1）控制方程

描述潮流运动的基本方程为静压假定下的不可压缩浅水流动方程，即纳维尔-斯托克斯（Navier-Stokes）方程。本项研究主要针对平面尺度较大的海域潮流计算，故采用垂线平均后的二维水流基本方程，表述为如下形式：

连续方程：

$$\frac{\partial h}{\partial t} + \frac{\partial hU}{\partial x} + \frac{\partial hV}{\partial y} = 0 \tag{2.9}$$

运动方程：

$$\frac{\partial hU}{\partial t} + \frac{\partial hU^2}{\partial x} + \frac{\partial hUV}{\partial y} - fVh + gh\frac{\partial \eta}{\partial x} = \frac{\partial}{\partial x}\left(2Ah\frac{\partial U}{\partial x}\right) +$$
$$\frac{\partial}{\partial y}\left[Ah\left(\frac{\partial U}{\partial y} + \frac{\partial V}{\partial x}\right)\right] + \frac{\tau_{sx} - \tau_{bx}}{\rho_0} \tag{2.10}$$

$$\frac{\partial hV}{\partial t} + \frac{\partial hVU}{\partial x} + \frac{\partial hV^2}{\partial y} + fUh + gh\frac{\partial \eta}{\partial y} = \frac{\partial}{\partial y}\left(2Ah\frac{\partial V}{\partial y}\right) +$$

$$\frac{\partial}{\partial x}\left[Ah\left(\frac{\partial U}{\partial y}+\frac{\partial V}{\partial x}\right)\right]+\frac{\tau_{sy}-\tau_{by}}{\rho_0} \tag{2.11}$$

式中：x、y 为笛卡尔坐标系坐标；t 为时间变量，(s)；η 为相对于参考基面的水位，(m)；h 为全水深，$h=h_0+\eta$，(m)；U、V 分别为方向上的垂线平均流速，(m/s)；f 为科氏力系数（$f=2\omega\sin\varphi$，ω 为地球自转角速度，φ 为纬度）；ρ_0 为水体参考密度，(kg/m³)；g 为重力加速度，(m/s²)；τ_{sx}、τ_{sy} 分别为表面风应力在 x、y 方向上的分量，(N/m²)；τ_{bx}、τ_{by} 分别为底部切应力在 x、y 方向上的分量，(N/m²)；A 为水平紊动黏性系数，由 Smagorinsky(1963)提出的亚格子法进行计算，见下式，c_s 为经验系数，l 为网格特征长度。

$$A=c_s^2 l^2\left[\left(\frac{\partial U}{\partial x}\right)^2+\left(\frac{\partial V}{\partial y}\right)^2+\frac{1}{2}\left(\frac{\partial U}{\partial y}+\frac{\partial V}{\partial x}\right)^2\right]^{\frac{1}{2}} \tag{2.12}$$

（2）定解条件

数学模型通常使用开边界（水边）和闭边界（岸边）两种边界条件。对于开边界，一般采用潮位过程进行控制：

$$\eta\mid_b=\eta(x,y,t) \tag{2.13}$$

对于闭边界，则根据不可入原理，取法向流速为 0：

$$\vec{U}\cdot\vec{n}=0 \tag{2.14}$$

由于本次研究对象的周边动力环境受潮汐系统控制，存在潮涨潮落现象，近岸潮滩在高潮时淹没，在低潮时出露，为了准确模拟整个海域潮流形态，模型闭边界（大陆岸线）采用了干湿判别的动边界处理技术。

计算伊始，整个计算区域内各点的水位、流速值就是计算的初始条件：

$$\eta(x,y,t_0)=\eta_0(x,y) \tag{2.15}$$

$$U(x,y,t_0)=U_0(x,y) \tag{2.16}$$

$$V(x,y,t_0)=V_0(x,y) \tag{2.17}$$

利用有限体积法（Finite Volume Method）求解基本方程的数值解，其基本过程为：将计算区域划分为一系列不重复的控制体积，并使每个网格点周围有一个控制体积；用待解微分方程对每一个控制体积积分，得出一组离散方程，其中未知数是网格点上因变量数值；根据给定初始条件和边界条件，求解代数方程组,得到基本方程数值解。

（3）模型范围

模型范围如图 2.1 所示,北起江苏沿海,包括长江口,杭州湾和舟山群岛海域,南北跨度 300 km,为保证边界的准确性,模型开边界位于外海深水处。采用三角形非结构性网格对计算域进行剖分,网格数量约 6 万个,节点数量约 3 万个,外海网格尺度为 4～5 km,为描述工程区的岸线地形,工程区网格局部加密,最小网格尺度约 50 m。模型采用 2015 年 8 月预报潮位驱动。

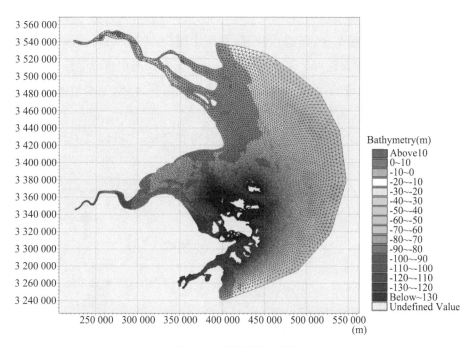

图 2.1　模型范围示意图

2.3　舟山海域潮流数学模型的验证

采用海洋出版社出版的《潮汐表（2015　第 1 册　鸭绿江口至长江）》中的预报潮位和预报流速对模型进行验证,预报潮位潮流的站点分布如图 2.2 所示。乍浦、滩浒、岱山是潮位预报站,杭州湾口、舟山（册子山附近）航道是潮流预报站。潮位验证结果见图 2.3～图 2.5,潮流验证结果见图 2.6 和图 2.7。

舟山海域位于浙江省东部,那里岛屿众多,水深变化复杂,外海潮波在传播过程中波形和结构不断发生变化,潮波振幅急剧增大,波形畸变,波峰前坡陡直、后坡平缓,大部分海区属于非正规半日浅海潮流,舟山海域的涨落潮流受地形制约明显,岛屿间水道潮流流速较大,流向大致与水道走向平行,以往复流为主,在较为宽阔的水道或水域则存在旋转流。涨潮时,潮流自东南方向经过舟山各群岛周边水道涌向钱塘江方向;落潮时,出自钱塘江河口由西往东的落潮在经过舟山群岛时,被分成小股潮流,大部分流向东南。

潮流的强弱与潮波的振幅相对应,故潮差大的水域,通常潮流流速也大。另外,潮流运动受地形影响很大,在一些水道、岛屿和湾口处,虽然潮差不大,但受地形影响,流量集中,流速也很强,如龟山航门、灌门水道、西堠门水道、金塘水道等的局部流速可达 1.5 m/s 以上。流向大致与水道或等深线平行,海区的潮流性质一般是不规则半日潮流,浅海分潮明显,册子水道等海域为不规则半日潮流。

结果表明,模拟的潮位潮流与潮汐表资料吻合良好,可以复演舟山海域的潮流场。

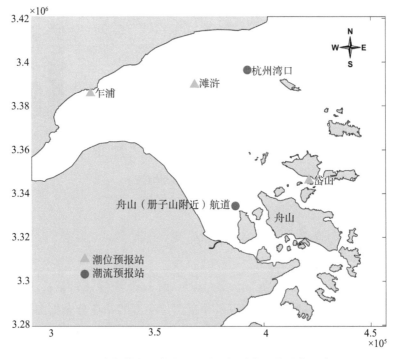

图 2.2 收集的潮汐表潮位潮流预报站点位置分布示意图

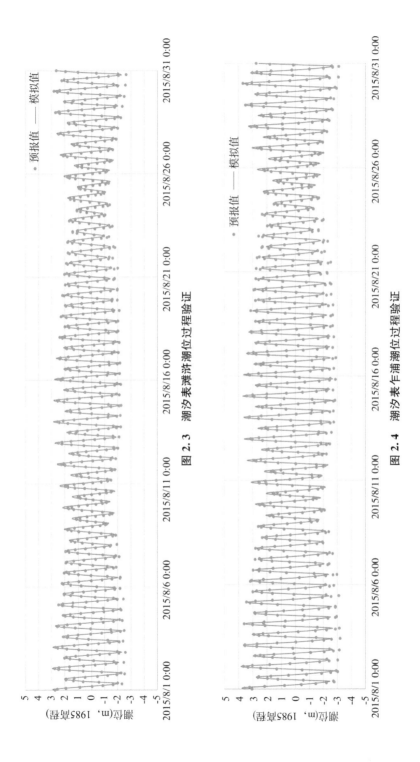

图 2.3 潮汐表滩浒潮位过程验证

图 2.4 潮汐表乍浦潮位过程验证

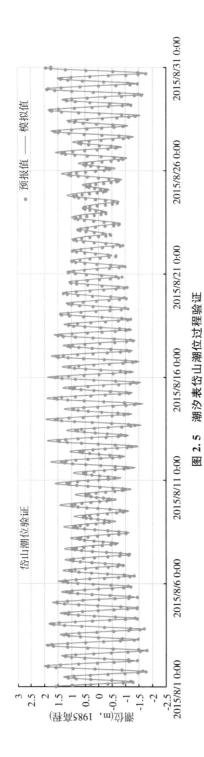

图 2.5 潮汐表岱山潮位过程验证

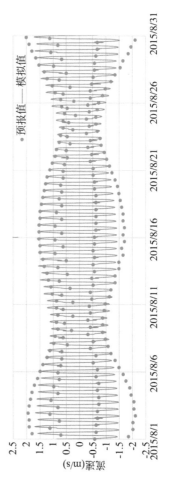

图 2.6 潮汐表舟山(册子山附近)航道流速过程验证

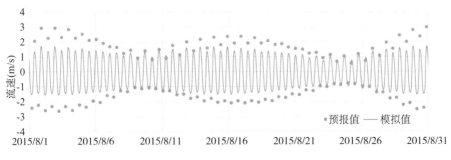

图 2.7　潮汐表杭州湾口流速过程验证

2.4　本章小结

本章建立了舟山海域二维潮流数学模型,采用《潮汐表(2015　第 1 册　鸭绿江口至长江)》中的预报潮位潮流资料对模型进行验证,验证结果表明模型能够较好地复演舟山海域潮波运动规律,可以开展舟山海域潮流能资源评估。

3

舟山海域潮流能理论储量
时空分布特征

3.1 舟山海域潮流能概况

　　舟山海域和杭州湾口水道众多,海况平稳,底质为基岩,且离岸较近,是我国近海潮流能资源最为富集的海域[12]。舟山海域的潮汐受外海潮波控制,外海潮波自东南方向涌入。潮汐性质多为半日潮或者非正规半日潮,潮流性质一般是不规则半日潮流。舟山群岛由 1 390 个岛屿组成,群岛"东西成行、南北成列、面上成群",这种分布格局造就了众多深浅不一、大小不等的海区和水道[13];受地形影响,岛屿之间的狭窄水域往往是潮流的强流区,流向大致与水道走向平行,一般呈现往复运动[14][15]。

　　采用 Farm 方法中的公式对舟山海域年均潮流能功率密度进行计算,得到其分布如图 3.1 所示,西南侧高于东北侧,在数个水道中出现富集,平均潮流能功率密度在 $1 \sim 10\ \mathrm{kW/m^2}$ 之间,其中龟山航门、灌门、西堠门水道、螺头水道潮流能资源最为集中,将在下文详细分析。

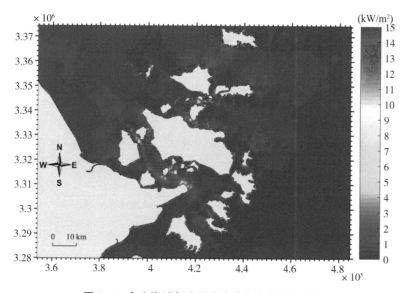

图 3.1　舟山海域年均潮流能功率密度空间分布

3.2 龟山航门

3.2.1 年均潮流能功率密度

龟山航门位于岱山岛附近的官山与秀山岛-大牛轭山之间,是往来长途与舟山岛西侧、宁波等地的常用航门。秀山岛北侧有网仓礁,航门最窄处即位于网仓礁与官山之间。龟山航门呈东西走向,水深最深处超过 80 m,宽约 1.8 km,是我国著名的急流航门,国内多次潮流能发电试验都在此地进行。龟山航门年均潮流能功率密度分布如图 3.2 所示。年均潮流能功率密度中心最大值超过 8 kW/m²,位于航门西部的网仓礁与官山之间。

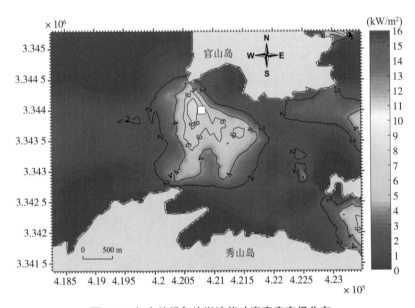

图 3.2 龟山航门年均潮流能功率密度空间分布

龟山航门的潮流能功率密度分区间统计面积及水深见图 3.3 和表 3.1。年均潮流能功率密度超过 0.06 kW/m² 的海域面积为 1 404.88 万 m²,区域最小水深 3.57 m,平均水深 35.19 m,最大水深 90.33 m;年均潮流能功率密度超过 0.5 kW/m² 的海域面积为 962.24 万 m²,区域最小水深 3.57 m,平均水深 35.95 m,最大水深 87.36 m;年均潮流能功率密度超过 1.7 kW/m² 的海域面积为 446.08 万 m²,区域最小水深 3.57 m,平均水深 32.98 m,最大水深 75.44 m;年均潮流能功率密度超过 4.0 kW/m² 的海域面积为 149.2 万 m²,区域最小水深 3.69 m,平均水深 26.93 m,最大水深 53.79 m。

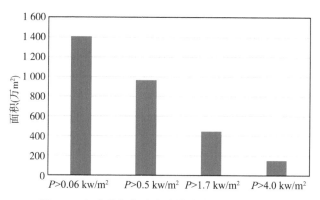

图 3.3 龟山航门年均潮流能功率密度面积统计

表 3.1 潮流能功率密度分布统计表

水道		龟山航门	灌门水道	西堠门水道	螺头水道
P>0.06 kW/m² (流速约 0.5 m/s)	区域面积(万 m²)	1 404.88	3 865.36	9 072	2 6907
	区域最小水深(m)	3.57	2.89	2.66	2.92
	区域平均水深(m)	35.19	21.43	36.01	41.65
	区域最大水深(m)	90.33	81.02	91.52	120.82
P>0.5 kW/m² (流速约 1 m/s)	区域面积(万 m²)	962.24	1 818.92	4 598.75	12 966
	区域最小水深(m)	3.57	2.89	3.26	4.71
	区域平均水深(m)	35.95	24.7	40.18	55.53
	区域最大水深(m)	87.36	73.71	91.52	120.82
P>1.7 kW/m² (流速约 1.5 m/s)	区域面积(万 m²)	446.08	580.64	1 347	3 011
	区域最小水深(m)	3.57	2.89	6.51	5.45
	区域平均水深(m)	32.98	24.79	45.29	57.92
	区域最大水深(m)	75.44	57.67	91.52	120.69
P>4.0 kW/m² (流速约 2 m/s)	区域面积(万 m²)	149.2	100.96	187	335
	区域最小水深(m)	3.69	2.89	7.5	6.99
	区域平均水深(m)	26.93	22.71	42.88	41.02
	区域最大水深(m)	53.79	42.09	71.48	83.35

3.2.2 季节变化

对龟山航门采样点(采样点位置见图 3.2 中白色方框)每个月的流速按照 0.2 m/s 分区间,共分成 21 个区,统计各个区间流速出现的时长,见图 3.4。由图可知,小于 2 m/s 的分区时长小于 50 h,部分分区仅有十几个小时或二十几个小时。每个月流速在 2~3 m/s 之间的时长最长,各分区时长超过 50 h,部分分区超过 60 h。下文述及第 1 代水轮机切入流速为 2.5 m/s,第 2 代、第 3 代水轮机切入流速为 2 m/s,龟山航门的流速条件恰好与第 2 代、第 3 代水轮机的切入流速契合,这有利于对潮流能资源的开发利用。而超过 3 m/s 的流速区间时长随着流速增大呈逐渐缩短趋势,部分超过 3.5 m/s 的峰值流速出现的时长仅有数小时。

针对采样点(采样点位置见图 3.2 中白色方框)的潮流能功率密度区间,对采样点每个月的功率密度时长分布进行分析,对功率密度按照 2 kW/m² 进行分区,如图 3.5 所示。第一个功率密度区间上限为 2 kW/m²,对应流速为 1.57 m/s,第二个功率密度区间上限为 4 kW/m²,对应流速为 2 m/s,每个月有较长时间在这两个功率密度区间内,此后时长逐渐缩短。以用电高峰 1 月与 7 月为例,1 月的功率密度有约 250 h(约 10.4 天)小于 2 kW/m²,有约 100 h(约 4 天)落在 2~4 kW/m² 之间,余下的 4~40 kW/m² 其各个区间时长均小于 100 h(约 4 天)。7 月的功率密度小于 2 kW/m² 的时长在 250 h 左右(约 10 天),有约 100 h(约 4 天)位于 2~4 kW/m² 之间,4~12 kW/m² 范围内的各个区间时长均在 50~100 h 之间(2~4 天),更大的功率密度区间时长均小于 50 h(约 2 天)。

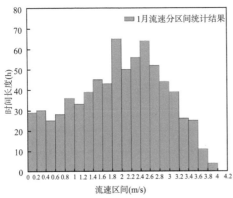

(a) 1 月

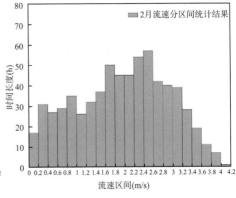

(b) 2 月

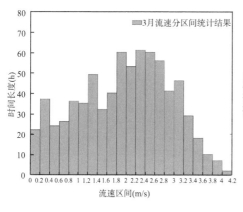

（c）3 月

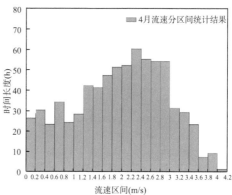

（d）4 月

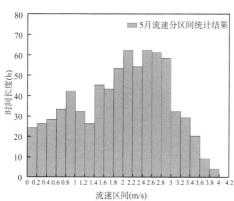

（e）5 月

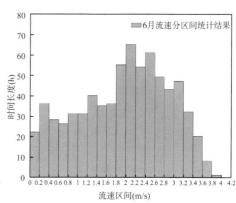

（f）6 月

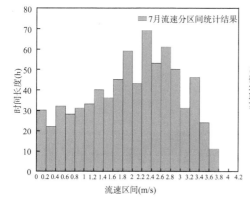

（g）7 月

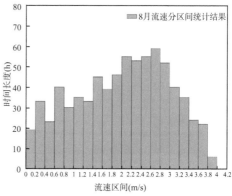

（h）8 月

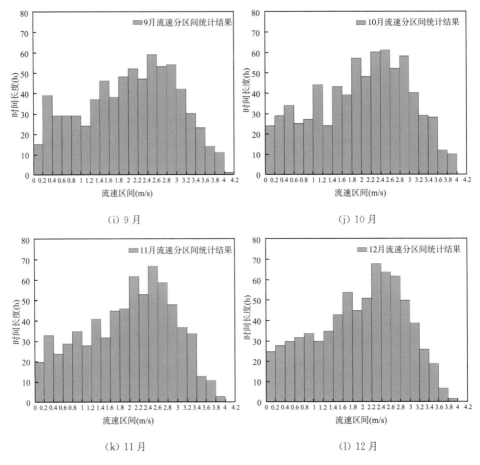

图 3.4　龟山航门采样点每月流速时长分布柱状图

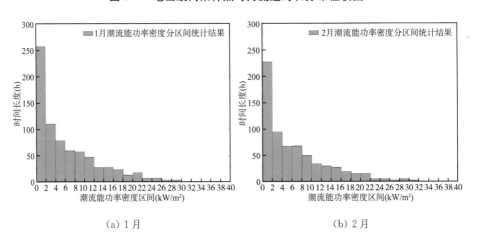

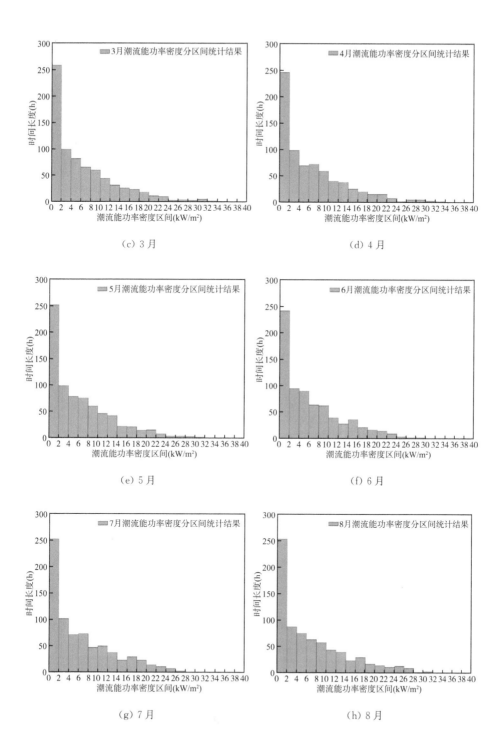

（c）3 月

（d）4 月

（e）5 月

（f）6 月

（g）7 月

（h）8 月

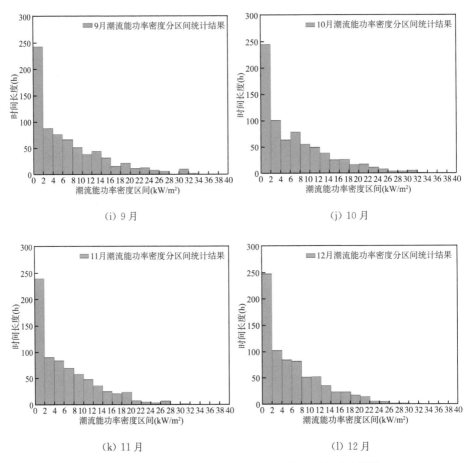

图 3.5　龟山航门采样点每月潮流能功率密度时长分布柱状图

3.2.3　大小潮周期变化

　　龟山航门大潮平均潮流能功率密度和小潮平均潮流能功率密度分别见图 3.6 和图 3.7,潮流能功率密度最大的区域在这两个阶段位置大致相同,都出现在官山岛与网苍礁之间,大潮阶段的流速较大,平均潮流能功率密度峰值约15 kW/m²,小潮阶段的平均潮流能功率密度峰值超过 2 kW/m²。

　　在潮流能资源评估中,通常要计算潮流流速超过某个阈值的概率,即超过特定流速的百分比时长。图 3.8～图 3.10 中分别显示了龟山航门大潮期间流速超过 2.5 m/s、2.0 m/s 和 1.0 m/s 的时长占大潮时长百分比的空间分布,其中 2.5 m/s 是第 1 代水轮机的流速阈值,2 m/s 是第二代水轮机的流速阈值。总体而言,大部分区域的流速值均达到了 1 m/s,大潮期空间最小出现概率为 20%。秀山岛与官山岛之间海域流速超过 1 m/s 的时长占比超过 60%,官山与网仓礁之间流速超过 1 m/s 的时长占比超过 80%。流速超过 2 m/s 的时长占比空间分布显示出较小的变化范围,秀山岛与官山岛之间海域流速超过 2 m/s 的时长占比为 40%~60%,流速超过 2.5 m/s 的时长占比超过 40%~60% 的范围进一步缩小。

图 3.11~图 3.13 分别显示了龟山航门小潮期间流速超过 2.5 m/s、2.0 m/s 和 1.0 m/s 的时长占小潮时长百分比的空间分布。小潮阶段,流速超过 2.5 m/s 的海域非常小,大部分海域流速超过 2.5 m/s 的时长占比小于 20%。官山岛与秀山岛之间部分海域小潮阶段流速超过 2.0 m/s 的时长占比为 20%~40%,流速超过 1 m/s 的时长占比达到 40%~60% 的海域面积进一步扩大。

表 3.2 大小潮所选的时间段

潮型	日期
大潮	2015 年 3 月 20 日 0 时(农历二月初一)至 3 月 26 日 23 时(农历二月初七)
小潮	2015 年 3 月 13 日 0 时(农历正月廿三)至 3 月 19 日 23 时(农历正月廿九)

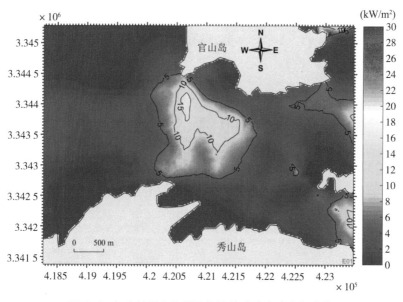

图 3.6 龟山航门大潮平均潮流能功率密度空间分布

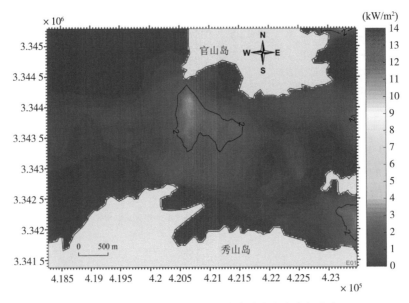

图 3.7　龟山航门小潮平均潮流能功率密度空间分布

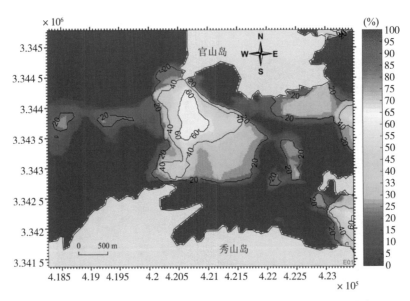

图 3.8　龟山航门大潮阶段流速超过 2.5 m/s 的时长占比空间分布

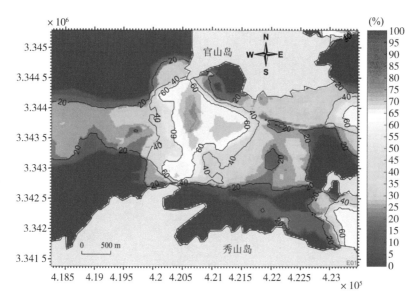

图 3.9　龟山航门大潮阶段流速超过 2 m/s 的时长占比空间分布

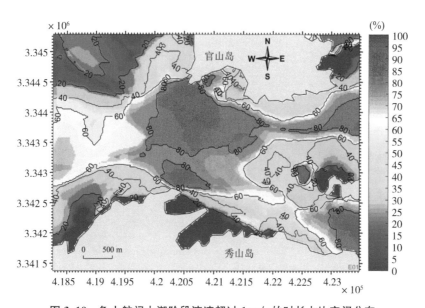

图 3.10　龟山航门大潮阶段流速超过 1 m/s 的时长占比空间分布

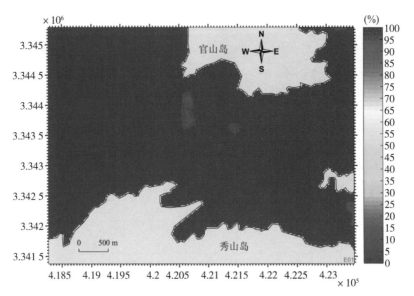

图 3.11　龟山航门小潮阶段流速超过 2.5 m/s 的时长占比空间分布

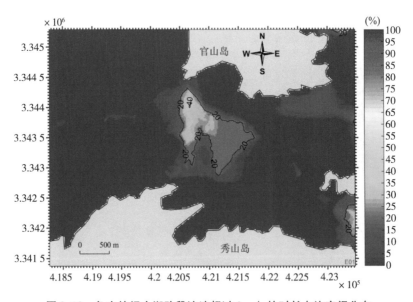

图 3.12　龟山航门小潮阶段流速超过 2 m/s 的时长占比空间分布

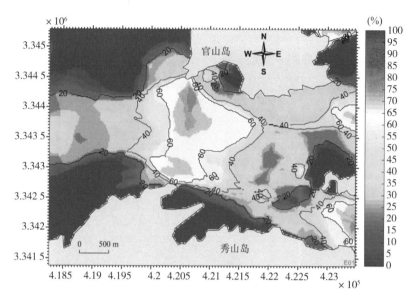

图 3.13 龟山航门小潮阶段流速超过 **1 m/s** 的时长占比空间分布

3.2.4 流速不对称性

流速不对称,顾名思义代表了涨潮流速与落潮速度之间的不平衡,是表征流速幅值不对称的物理量。流速不对称指标 a[16]定义如下:

$$a = <V>_{flood} / <V>_{ebb} \tag{3.1}$$

其中:$<V>_{flood}$ 代表涨潮平均流速;$<V>_{ebb}$ 代表落潮平均流速。

龟山航门大潮涨落急时刻的潮流能功率密度见图 3.14 和图 3.15,大潮流速不对称指标 a 的空间分布见图 3.16。由图可知,龟山航门大潮期间流速不对称指标的空间分布相对均匀,集中在 1 附近,表明龟山航门大潮涨落急时刻的流速相对较为对称。

龟山航门小潮涨落急时刻的潮流能功率密度见图 3.17 和图 3.18,小潮不对称指标 a 的空间分布见图 3.19。由图可知,龟山航门小潮期间流速不对称指标在东侧大于 1,表明东侧航门为涨潮占优海域,流速不对称指标最大值出现在西山礁东侧,这里滩槽相间,体现出地形突然变化对 M_2 及其高级分潮 (M_4,MS_4) 产生的影响。而航门西侧流速不对称指标略小于 1,在 0.8~0.9 之间,表明航门西侧为落潮占优海域。

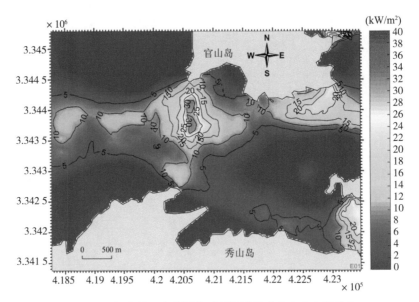

图 3.14　龟山航门大潮涨急时刻潮流能功率密度空间分布

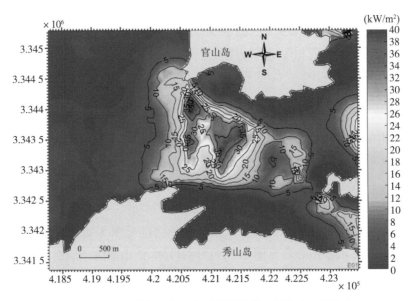

图 3.15　龟山航门大潮落急时刻潮流能功率密度空间分布

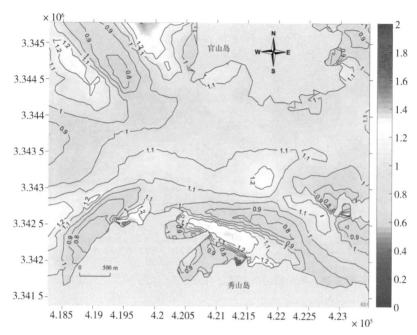

图 3.16　龟山航门大潮流速不对称指标空间分布

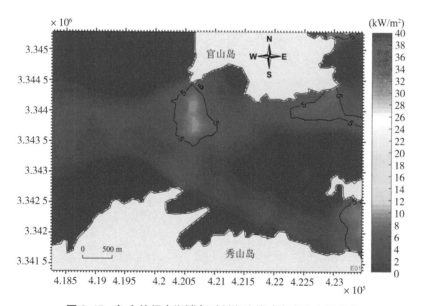

图 3.17　龟山航门小潮涨急时刻潮流能功率密度空间分布

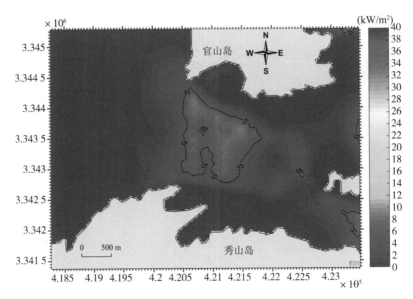

图 3.18 龟山航门小潮落急时刻潮流能功率密度空间分布

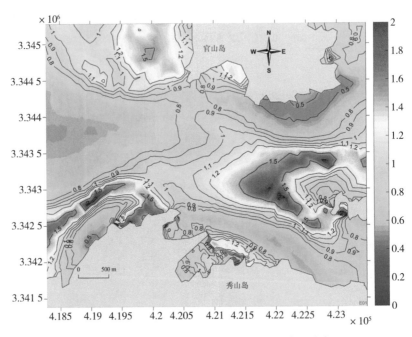

图 3.19 龟山航门小潮流速不对称指标空间分布

3.2.5 流向不对称性

涨落潮流流向在一条直线的两个相反方向上来回往复形成往复流,每半个潮周期经历一次流速峰值和一次平潮。而旋转流的涨落潮的流向不对称非常明显。涨落潮不对称可以通过采用一个潮周期涨落潮阶段平均流向之差进行量化衡量[17],如下式:

$$\theta_{mis} = |\, |\overline{\theta_{flood}(t)} - \overline{\theta_{ebb}(t)}\,| - 180° |\qquad (3.2)$$

其中:θ_{mis} 为流向不对称指数;$\overline{\theta_{flood}(t)}$ 为涨潮阶段平均流向;$\overline{\theta_{ebb}(t)}$ 为落潮阶段平均流向。

如果是标准的往复流,上式计算结果等于 0,然而实际海域都不会是标准的往复流。由于目前的潮流能水轮机技术均基于定向发电的概念设计,因此偏向往复流的海域更适合发挥水轮机的工作潜力,而如果流向与叶轮平面存在夹角,那么水轮机的发电效率将会降低[18]。

龟山航门大小潮期间的流向不对称指数见图 3.20 和图 3.21。由图可知,在龟山航门中部,大小潮的涨落潮往复特征较为明显,流向不对称指数在 30°以内,流向不对称指数最小值在龟山航门入口附近,龟山航门两侧的流向

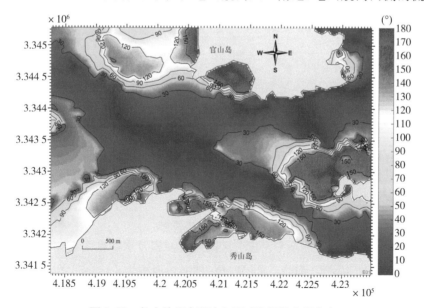

图 3.20　龟山航门大潮流向不对称指数空间分布

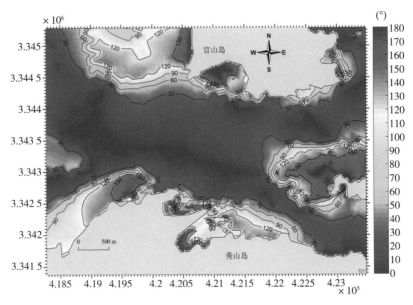

图 3.21 龟山航门小潮流向不对称指数空间分布

不对称指数逐渐增大。近岸海域由于存在局部回流,流态复杂,部分区域涨落潮流向趋于一致,因此流向不对称指数较大,最大可达 150°。

3.3 灌门水道

3.3.1 年均潮流能功率密度

灌门水道位于舟山岛与秀山岛之间,水深 20～70 m。最浅水深 16.5 m,最窄处位于粽子山与龙王跳咀之间。涨潮流向西北,落潮流向东南。《舟山市海洋功能区划》给出的流速为 4～5 节,最大可达 6 节。模拟得到的灌门水道年均潮流能功率密度空间分布见图 3.22,最大年均潮流能功率密度超过 6 kW/m²,位于秀山岛西南侧与粽子山之间海域。

灌门水道的潮流能功率密度分区间统计面积及水深见图 3.23 和表 3.1。年均潮流能功率密度超过 0.06 kW/m² 的海域面积为 3 865.36 万 m²,区域最小水深 2.89 m,平均水深 21.43 m,最大水深 81.02 m;年均潮流能功率密度超过 0.5 kW/m² 的海域面积为 1 818.92 万 m²,区域最小水深 2.89 m,平均水深 24.7 m,最大水深 73.71 m;年均潮流能功率密度超过 1.7 kW/m² 的海域面积为 580.64 万 m²,区域最小水深 2.89 m,平均水深 24.79 m,最大水深 57.67 m;年均潮流能功率密度超过 4.0 kW/m² 的海域面积为 100.96 万 m²,区域最小水深 2.89 m,平均水深 22.71 m,最大水深 42.09 m。

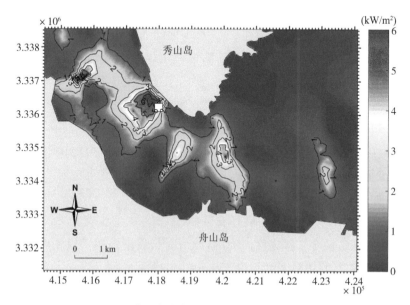

图 3.22　灌门水道年均潮流能功率密度空间分布

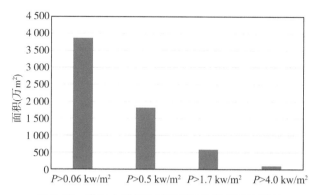

图 3.23　灌门水道年均潮流能功率密度面积统计

3.3.2　季节变化

对灌门水道采样点(采样点位置见图 3.22 中白色方框)每个月的流速按照 0.2 m/s 分区间,共分成 21 个区,统计各个区间流速出现的时长,见图 3.24。由图可知,小于 1 m/s 的分区时长小于 50 h,部分分区仅有十几个小时或二十几个小时。每个月流速在 2～3 m/s 之间的时长最长,各分区时长超过 50 h,部分分区超过 60 h。下文述及第 1 代水轮机切入流速为 2.5 m/s,第 2 代、第 3 代水轮机切入流速为 2 m/s,灌门水道的流速条件有利于对潮流能资源的开发利用。而超过 3 m/s 的流速区间时长随着流速增大呈逐渐缩短趋势,部分超过 3.5 m/s 的峰值流速出现的时长仅有数小时。

针对采样点(采样点位置见图 3.22 中白色方框)的潮流能功率密度区间,对采样点每个月的功率密度时长分布进行分析,对功率密度按照 2 kW/m² 进行分区,如图 3.25 所示。第一个功率密度区间上限为 2 kW/m²,对应流速为 1.57 m/s,第二个功率密度区间上限为 4 kW/m²,对应流速为 2 m/s,每个月有较长时间在这两个功率密度区间内,此后时长逐渐缩短。以用电高峰 1 月与 7 月为例,1 月的功率密度有约 350 h(约 14 天)小于 2 kW/m²,约 140 h(约 6 天)落在 2～4 kW/m² 之间,约 80 h(约 3 天)落在 4～6 kW/m² 之间,余下的 6～24 kW/m² 其各个区间时长均小于 50 h(约 2 天)。7 月的功率密度小于 2 kW/m² 的时长在 340 h 左右(约 14 天),有约 130 h(约 5 天)位于 2～4 kW/m² 之间,4～8 kW/m² 范围内的各个功率密度区间时长均在 50～100 h 之间(2～4 天),更大的功率密度区间时长均小于 50 h(约 2 天)。

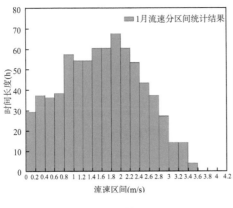

(a) 1 月

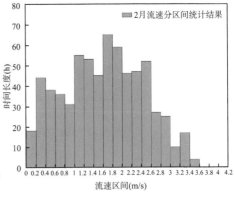

(b) 2 月

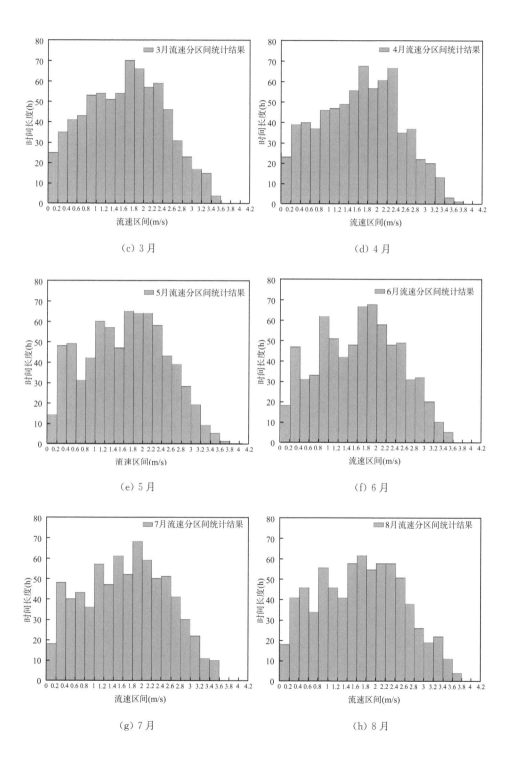

（c）3 月

（d）4 月

（e）5 月

（f）6 月

（g）7 月

（h）8 月

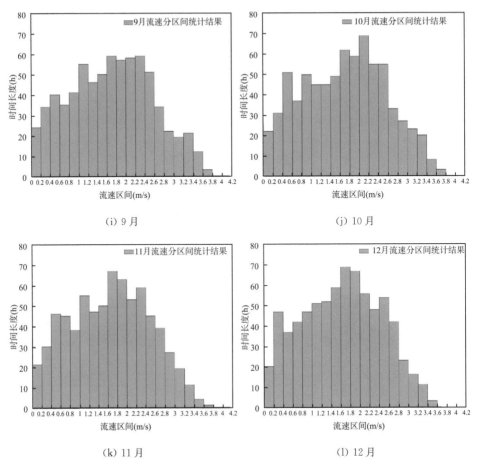

(i) 9 月   (j) 10 月

(k) 11 月   (l) 12 月

图 3.24　灌门水道采样点每月流速时长分布柱状图

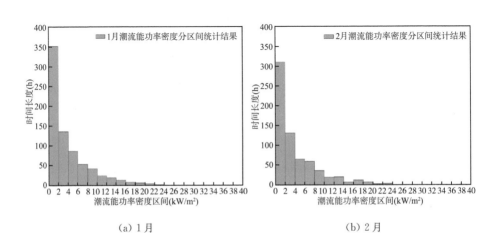

（a）1 月   （b）2 月

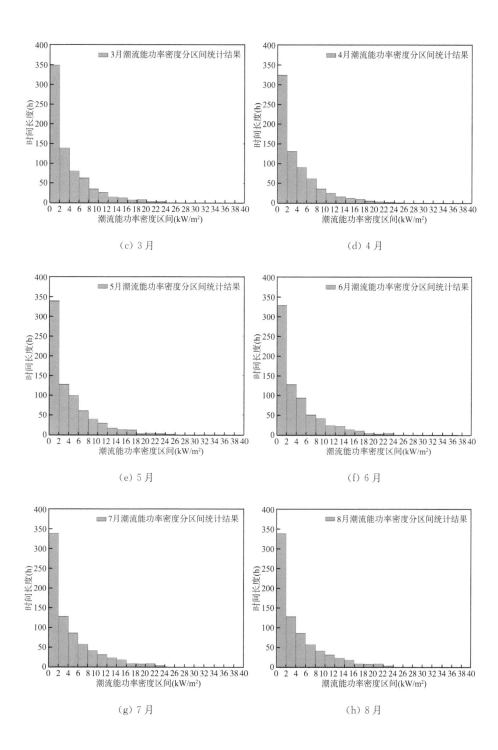

（c）3 月

（d）4 月

（e）5 月

（f）6 月

（g）7 月

（h）8 月

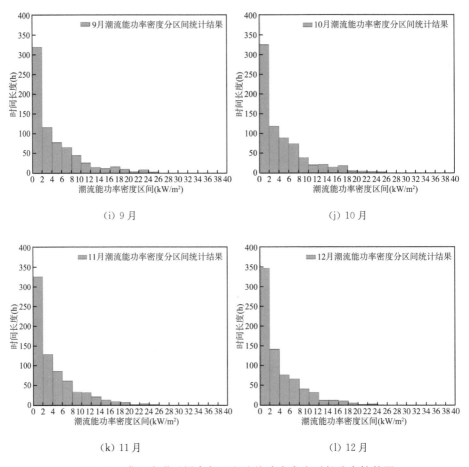

图 3.25　灌门水道采样点每月潮流能功率密度时长分布柱状图

3.3.3　大小潮周期变化

　　灌门水道大潮平均潮流能功率密度空间分布、小潮平均潮流能功率密度空间分布分别见图 3.26 和图 3.27。大潮阶段,灌门水道出现了近 4 处峰值,分别位于灌门水道入口、秀山岛南岸、灌门水道出口、青山岛附近,其中以秀山岛南岸的峰值较大,超过 10 kW/m² ,超过 10 kW/m² 的面积也相对较大。小潮阶段的流速较小,平均潮流能功率密度也相对较小,灌门水道北侧、秀山岛南岸局部为 2 kW/m² ,对应流速约 1.57 m/s,其余海域的潮流能功率密度均小于2 kW/m² 。

图 3.28～图 3.30 中分别显示了灌门水道大潮期间流速超过 2.5 m/s、2.0 m/s 和 1.0 m/s 的时长占大潮时长百分比的空间分布,其中 2.5 m/s 是第 1 代水轮机的流速阈值,2 m/s 是第二代水轮机的流速阈值。总体而言,灌门水道大部分区域的流速值均达到了 1 m/s,灌门水道入口处、秀山岛以南、青山岛附近流速超过 1 m/s 的时长占比超过 80%,较大范围海域流速超过 1 m/s 的时长占比均能达到 40%。少部分海域流速超过 1 m/s 的时长占比不足 20%。流速超过 2 m/s 的时长占比峰值为 60%,出现在灌门水道入口、秀山岛南岸和青山岛附近;流速超过 2.5 m/s 的时长占比峰值约 40%,依然出现在上述区域。

图 3.31～图 3.33 中分别显示了灌门水道小潮期间流速超过 2.5 m/s、2.0 m/s 和 1.0 m/s 的时长占小潮时长百分比的空间分布。小潮阶段,流速超过 2.5 m/s 的海域非常小,图中未见 20% 等值线。仅有小部分海域流速超过 2.0 m/s 的时长占比能达到 20%。而有较大面积海域流速超过 1 m/s 的时长占比能达到 40%,灌门水道入口、秀山岛南岸与青山岛附近流速超过 1 m/s 的时长占比可达 60%。

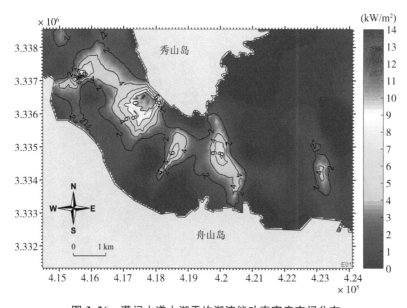

图 3.26 灌门水道大潮平均潮流能功率密度空间分布

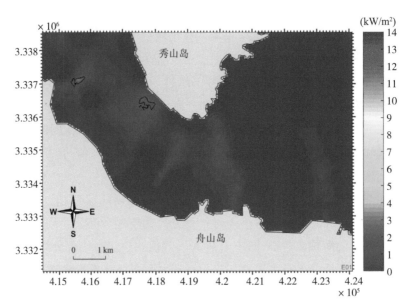

图 3.27 灌门水道小潮平均潮流能功率密度空间分布

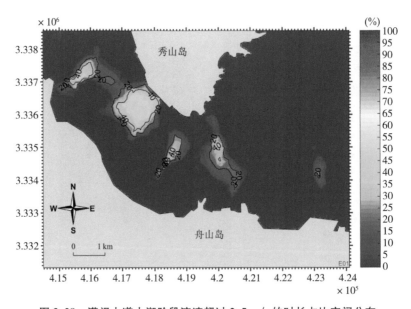

图 3.28 灌门水道大潮阶段流速超过 2.5 m/s 的时长占比空间分布

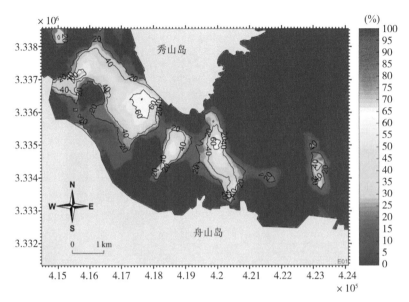

图 3.29 灌门水道大潮阶段流速超过 2 m/s 的时长占比空间分布

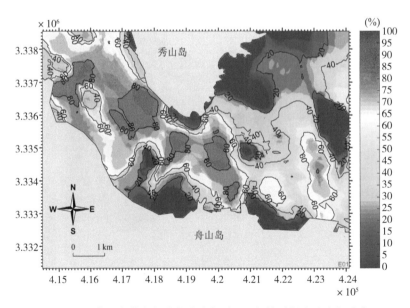

图 3.30 灌门水道大潮阶段流速超过 1 m/s 的时长占比空间分布

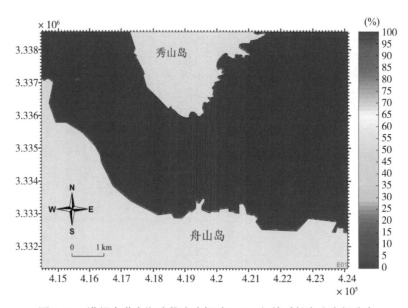

图 3.31　灌门水道小潮阶段流速超过 2.5 m/s 的时长占比空间分布

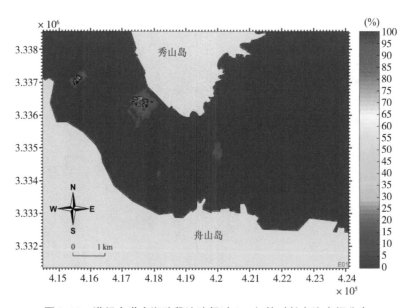

图 3.32　灌门水道小潮阶段流速超过 2 m/s 的时长占比空间分布

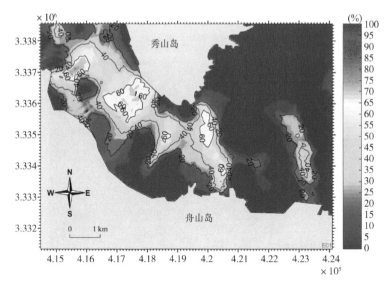

图 3.33　灌门水道小潮阶段流速超过 1 m/s 的时长占比空间分布

3.3.4　流速不对称性

灌门水道大潮涨落急时刻的潮流能功率密度分布见图 3.34 和图 3.35，大潮流速不对称指标 a 的空间分布见图 3.36。由图可知,灌门水道大潮期间流速不对称指标的空间分布相对均匀,青山岛东西两侧附近海域流速不对称指标位于 1~1.2 之间,灌门水道入口流速不对称指标位于 0.8~1 之间,表明灌门水道大潮期涨落急流速相对较为对称。

灌门水道小潮涨落急时刻的潮流能功率密度见图 3.37 和图 3.38,小潮阶段不对称指标 a 的空间分布见图 3.39。由图可知,灌门水道流速不对称指标整体接近或大于 1,青山岛以东出现了流速不对称指标大于 1.5 的海域,表明该海域小潮阶段以涨潮流占优。

3.3.5　流向不对称性

灌门水道大小潮期间的流向不对称指数见图 3.40 和图 3.41。由图可知,在灌门水道中部,大小潮的涨落潮往复特征较为明显,流向不对称指数大于 30°,局部海域接近 60°。航道两侧流向往复特征更为明显,流向不对称指数小于 30°。而在秀山岛东南侧,岸线掩护作用令其存在回流区,流态较为复杂,流向不对称指数较大。

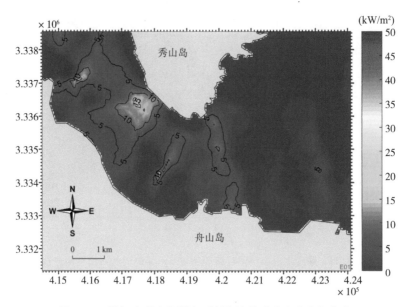

图 3.34 灌门水道大潮涨急时刻潮流能功率密度空间分布

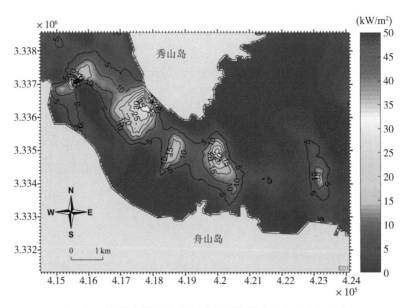

图 3.35 灌门水道大潮落急时刻潮流能功率密度空间分布

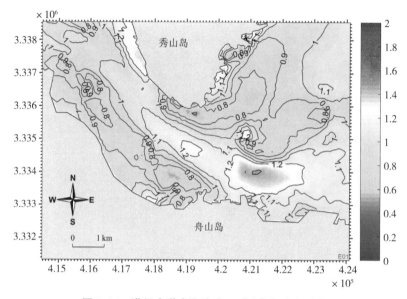

图 3.36　灌门水道大潮流速不对称指标空间分布

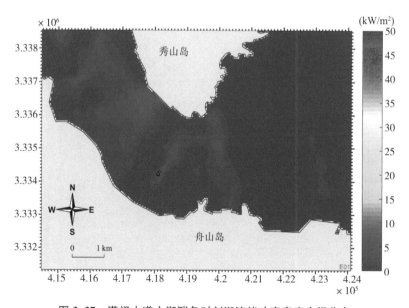

图 3.37　灌门水道小潮涨急时刻潮流能功率密度空间分布

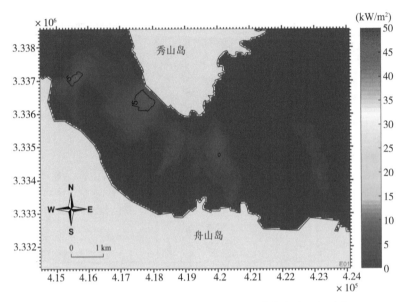

图 3.38 灌门水道小潮落急时刻潮流能功率密度空间分布

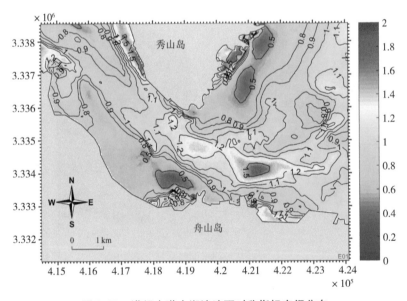

图 3.39 灌门水道小潮流速不对称指标空间分布

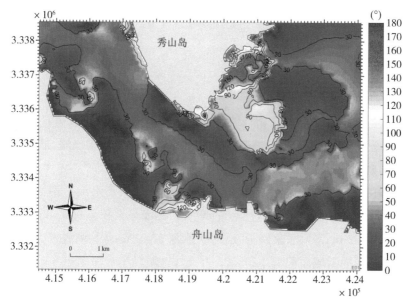

图 3. 40　灌门水道大潮流向不对称指数空间分布

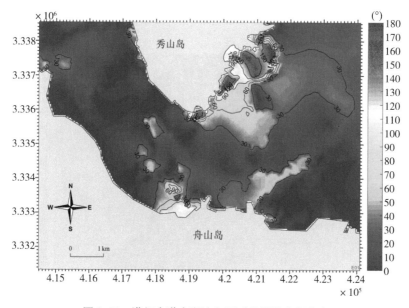

图 3. 41　灌门水道小潮流向不对称指数空间分布

3.4 西堠门水道

3.4.1 年均潮流能功率密度

西堠门水道介于册子岛和金塘岛之间。西堠门潮流湍急,也是著名的急流区,潮流为西北—东南向,水道上有 2~3 个功率密度集中区域,最大年均潮流能功率密度超过 5 kW/m²。

西堠门水道的潮流能功率密度分区间统计面积及水深见图 3.42 和表 3.1。年均潮流能功率密度超过 0.06 kW/m² 的海域面积为 9 072 万 m²,区域最小水深 2.66 m,平均水深 36.01 m,最大水深 91.52 m;年均潮流能功率密度超过 0.5 kW/m² 的海域面积为 4 598.75 万 m²,区域最小水深 3.26 m,平均水深 40.18 m,最大水深 91.52 m;年均潮流能功率密度超过 1.7 kW/m² 的海域面积为 1 347 万 m²,区域最小水深 6.51 m,平均水深 45.29 m,最大水深 91.52 m;年均潮流能功率密度超过 4.0 kW/m² 的海域面积为 187 万 m²,区域最小水深 7.5 m,平均水深 42.88 m,最大水深 71.48 m。

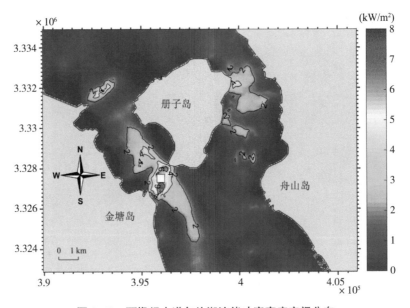

图 3.42 西堠门水道年均潮流能功率密度空间分布

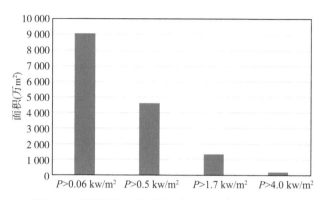

图 3.43　西堠门水道年均潮流能功率密度面积统计

3.4.2　季节变化

对西堠门水道采样点(采样点位置见图 3.42 中白色方框)每个月的流速按照 0.2 m/s 分区间,共分成 21 个区,统计各个区间流速出现的时长,见图 3.44。由图可知,低流速区(小于 1.2 m/s)的分区时长小于 40 h,部分分区仅有二十几个小时。中流速区(1.2～3 m/s)的时长最长,各分区时长在 50～70 h 之间,5 月、12 月有部分分区超过 70 h,高流速区(>3 m/s)随着流速的增大,时长陡然减少,到了 3.4 m/s 后的分区,流速时长仅有数小时。下文述及第 1 代水轮机切入流速为 2.5 m/s,第 2 代、第 3 代水轮机切入流速为 2 m/s,西堠门的流速条件有利于对潮流能资源的开发利用。

针对采样点(采样点位置见图 3.42 中白色方框)的潮流能功率密度区间,对采样点每个月的功率密度时长分布进行分析,对功率密度按照 2 kW/m² 进行分区,如图 3.45 所示。第一个功率密度区间上限为 2 kW/m²,对应流速为 1.57 m/s,第二个功率密度区间上限为 4 kW/m²,对应流速为 2 m/s,每个月有较长时间在这两个功率密度区间内,此后时长逐渐缩短。以用电高峰 1 月与 7 月为例,1 月的功率密度有约 270 h(约 11 天)小于 2 kW/m²,有约 120 h(约 5 天)落在 2～4 kW/m² 之间,约 100 h(约 4 天)落在 4～6 kW/m² 之间,余下的 6～40 kW/m² 其各个区间时长均略超过 50 h 或小于 50 h。7 月的功率密度小于 2 kW/m² 的时长在 270 h(约 11 天),有约 120 h(约 5 天)位于 2～4 kW/m² 之间,4～10 kW/m² 范围内的各个功率密度区间时长均在 50～100 h(2～4 天)之间,更大的功率密度区间时长均小于 50 h(约 2 天)。

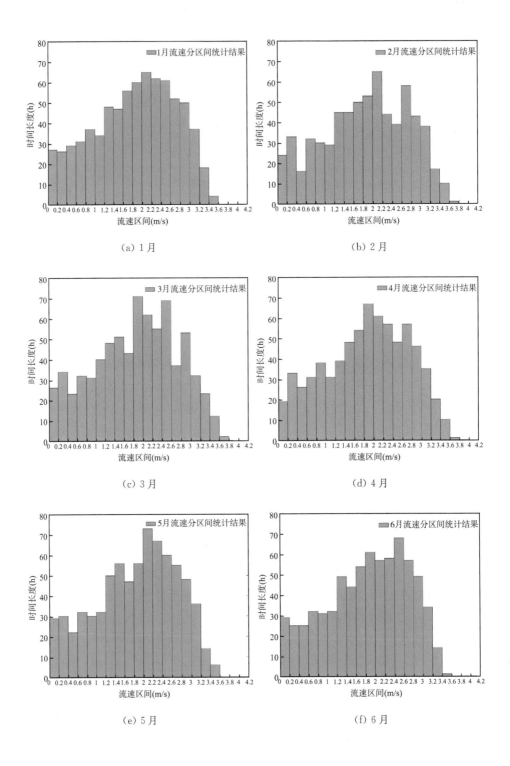

(a) 1月

(b) 2月

(c) 3月

(d) 4月

(e) 5月

(f) 6月

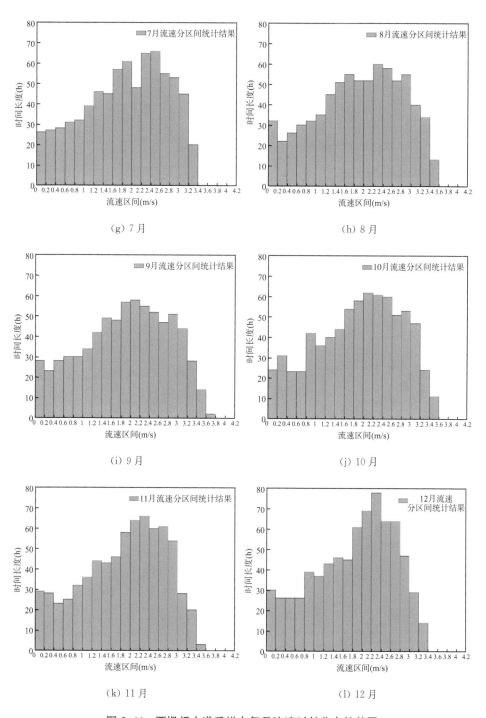

图 3.44　西堠门水道采样点每月流速时长分布柱状图

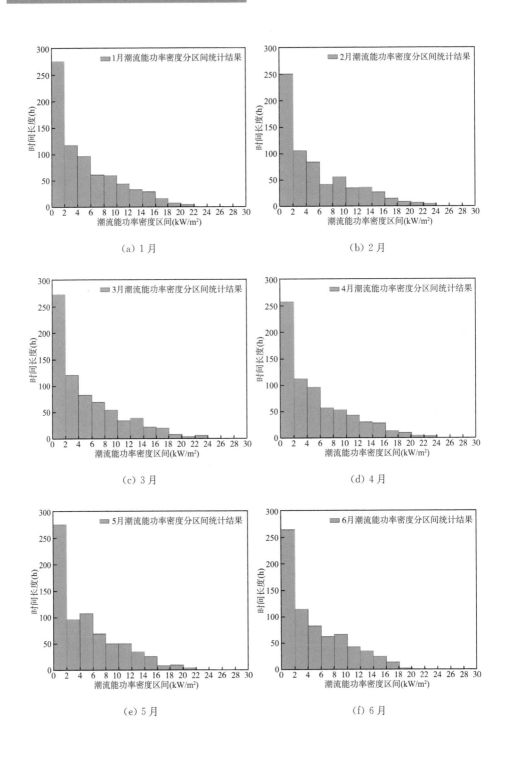

(a) 1 月

(b) 2 月

(c) 3 月

(d) 4 月

(e) 5 月

(f) 6 月

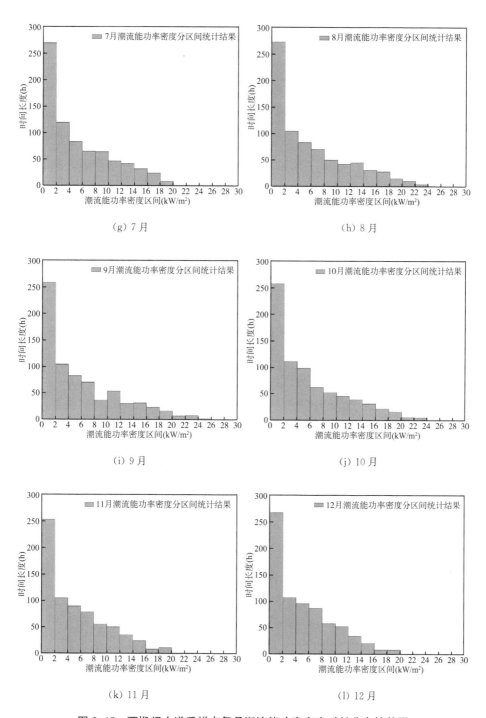

图 3.45　西堠门水道采样点每月潮流能功率密度时长分布柱状图

3.4.3 大小潮周期变化

西堠门水道大潮平均潮流能功率密度、小潮平均潮流能功率密度空间分布分别见图 3.46 和图 3.47。大潮阶段,西堠门水道出现了两处峰值,一处位于册子岛以西、西堠门水道入口处,峰值达到 8 kW/m² ;另一处位于老虎山与金塘岛之间,峰值超过 12 kW/m²。西堠门水道大部分海域的潮流能功率密度介于 2~8 kW/m² 之间。小潮阶段,西堠门水道老虎山与金塘岛之间的潮流能功率密度最大,峰值约 2 kW/m² ,其余海域的功率密度小于 2 kW/m²。

图 3.48~图 3.50 中分别显示了西堠门水道大潮期间流速超过 2.5 m/s、2.0 m/s 和 1.0 m/s 的时长占大潮时长百分比的空间分布,其中 2.5 m/s 是第 1 代水轮机的流速阈值,2 m/s 是第二代水轮机的流速阈值。总体而言,西堠门水道大部分区域的流速值均达到了 1 m/s,流速超过 1 m/s 的时长占比为 60%~80%,仅部分近岸海域流速超过 1 m/s 的时长占比小于 20%。西堠门水道流速超过 2 m/s 的时长占比为 40%~60%,超过 2.5 m/s 的时长占比进一步减小。

图 3.51~图 3.53 中分别显示了西堠门水道小潮期间流速超过 2.5 m/s、2 m/s 和 1 m/s 的时长占小潮时长百分比的空间分布。小潮阶段,流速超过

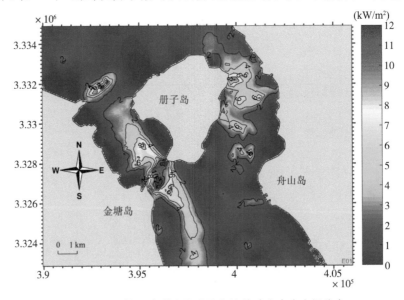

图 3.46 西堠门水道大潮平均潮流能功率密度空间分布

2.5 m/s 的海域较小，大部分海域流速超过 2.5 m/s 的时长占比小于 20%，老虎山与金塘岛之间小部分海域存在 20% 左右的时长流速幅值超过 2 m/s。西堠门水道流速超过 1 m/s 的时长占比为 40%～60%。

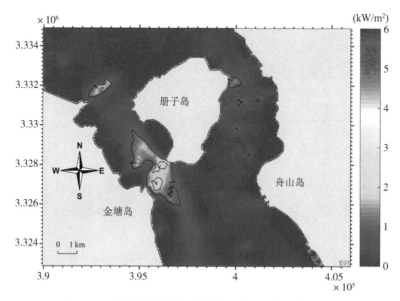

图 3.47　西堠门水道小潮平均潮流能功率密度空间分布

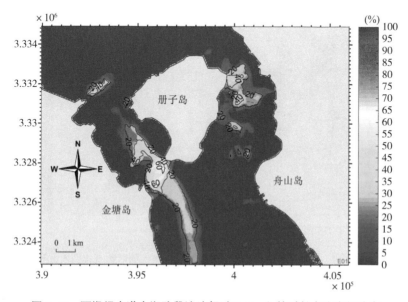

图 3.48　西堠门水道大潮阶段流速超过 2.5 m/s 的时长占比空间分布

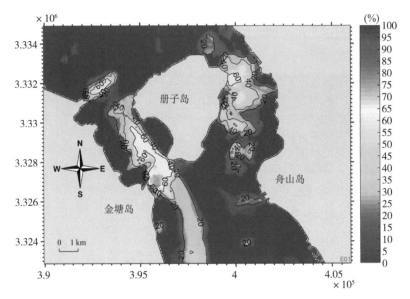

图 3.49　西堠门水道大潮阶段流速超过 2 m/s 的时长占比空间分布

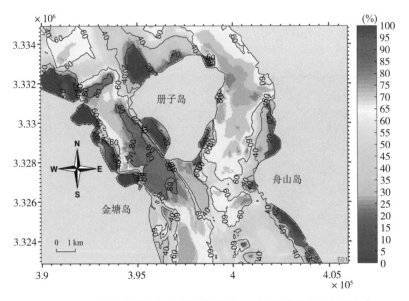

图 3.50　西堠门水道大潮阶段流速超过 1 m/s 的时长占比空间分布

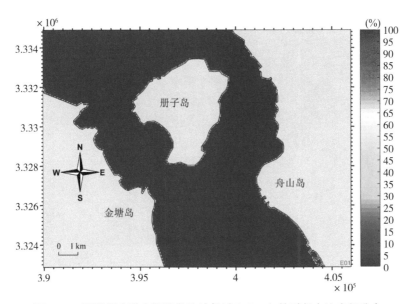

图 3.51　西堠门水道小潮阶段流速超过 2.5 m/s 的时长占比空间分布

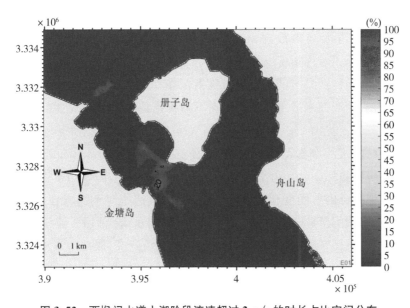

图 3.52　西堠门水道小潮阶段流速超过 2 m/s 的时长占比空间分布

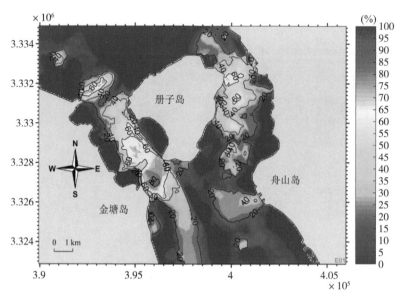

图 3.53　西堠门水道小潮阶段流速超过 1 m/s 的时长占比空间分布

3.4.4　流速不对称性

西堠门水道大潮阶段涨落急时刻的潮流能功率密度见图 3.54 和图 3.55，大潮流速不对称指标 a 的空间分布见图 3.56。由图可知，西堠门水道入口处、册子岛以西海域的流速不对称指标在 0.8～1 之间，表明此海域的落潮流略占优；西堠门水道出口处的流速不对称指标在 1～1.2 之间，表明此海域的涨潮流略占优。

西堠门水道小潮涨落急时刻的潮流能功率密度见图 3.57 和图 3.58，小潮流速不对称指标 a 的空间分布见图 3.59。由图可知，西堠门水道小潮期间流速不对称指标的空间变化较大。在入口处，流速不对称指标在 0.8～1 之间，表明该海域的落潮流略占优。而到了西堠门水道出口处，滩槽相间地形变化较大，在海床摩阻的作用下 M_2 分潮生成高级分潮，局部海域流速不对称指标达到 2，表明涨潮流占较大优势。

3.4.5　流向不对称性

西堠门水道大小潮期间的流向不对称指数见图 3.60 和图 3.61。由图可知，在西堠门水道中部，大小潮的涨落潮往复特征较为明显，流向不对称指数

在 $30°\sim 60°$ 之间。航道两侧近岸区域流向不对称指数较大,局部海域超过 $150°$。

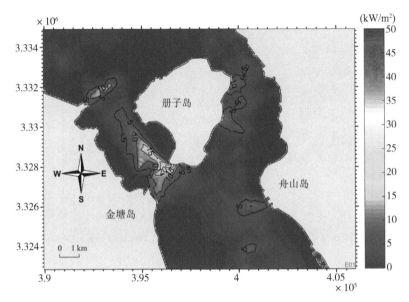

图 3.54　西堠门水道大潮涨急时刻潮流能功率密度空间分布

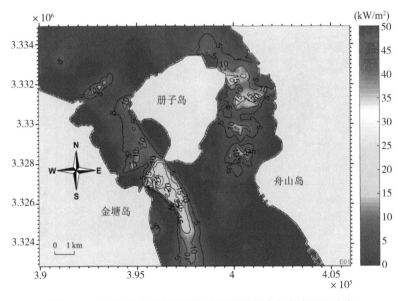

图 3.55　西堠门水道大潮落急时刻潮流能功率密度空间分布

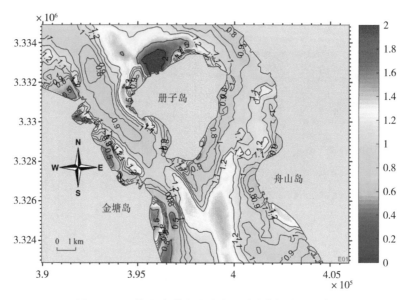

图 3.56　西堠门水道大潮流速不对称指标空间分布

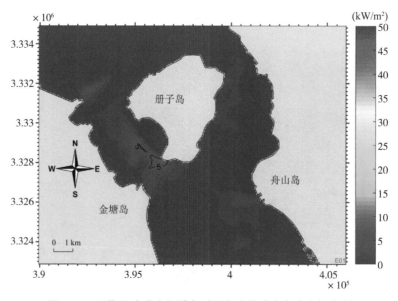

图 3.57　西堠门水道小潮涨急时刻潮流能功率密度空间分布

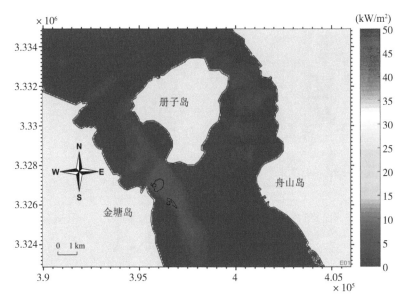

图 3.58　西堠门水道小潮落急时刻潮流能功率密度空间分布

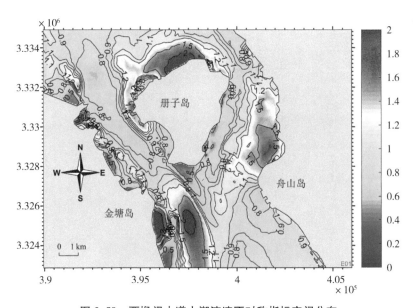

图 3.59　西堠门水道小潮流速不对称指标空间分布

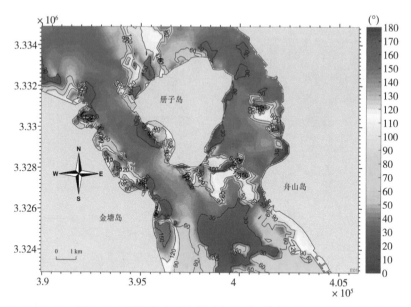

图 3.60　西堠门水道大潮流向不对称指数空间分布

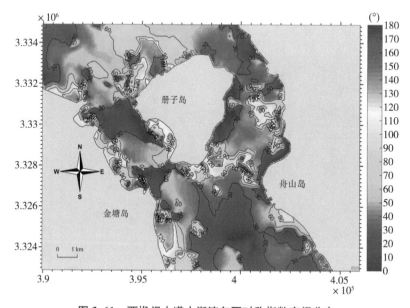

图 3.61　西堠门水道小潮流向不对称指数空间分布

3.5 螺头水道

3.5.1 年均潮流能功率密度

螺头水道北侧有大猫岛、小猫岛、摘箬山、乔山,南侧有大榭岛、穿鼻岛和穿山半岛之间,西连册子水道,东接舟山岛东南方向各水道。年均潮流能功率密度多处出现峰值,分布在大猫岛以南、大猫岛与摘箬山之间、穿山半岛头部,峰值约 5 kW/m^2。

螺头水道的潮流能功率密度分区间统计面积及水深,见图 3.62 和表 3.1。年均潮流能功率密度超过 0.06 kW/m^2 的海域面积为 26 907 万 m^2,区域最小水深 2.92 m,平均水深 41.65 m,最大水深 120.82 m;年均潮流能功率密度超过 0.5 kW/m^2 的海域面积为 12 966 万 m^2,区域最小水深 4.71 m,平均水深 55.53 m,最大水深 120.82 m;年均潮流能功率密度超过 1.7 kW/m^2 的海域面积为 3 011 万 m^2,区域最小水深 5.45 m,平均水深 57.92 m,最大水深 120.69 m;年均潮流能功率密度超过 4.0 kW/m^2 的海域面积为 335 万 m^2,区域最小水深 6.99 m,平均水深 41.02 m,最大水深 83.35 m。

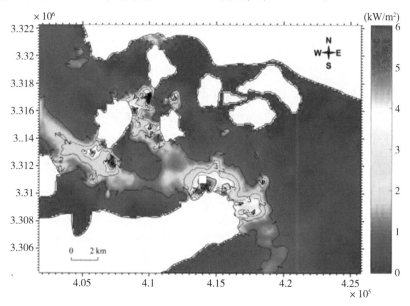

图 3.62 螺头水道年均潮流能功率密度空间分布

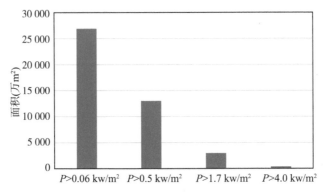

图 3.63　螺头水道年均潮流能功率密度面积统计

3.5.2　季节变化

对螺头水道采样点(采样点位置见图 3.62 中白色方框)每个月的流速按照 0.2 m/s 分区间,共分成 21 个区,统计各个区间流速出现的时长,见图 3.64。由图可知,随着分区流速的增大,各个月流速时长的分布呈现先迅速增多后缓慢减少的趋势。例如,0~0.2 m/s 的分区时长仅为 1 h,0.2~0.4 m/s 的分区时长迅速增大到 20 h 以上,0.4~0.6 m/s 的分区时长再次翻番,达到接近 50 h。此后时长的增长速度放慢,缓慢增加到 1.2~1.4 m/s 时的接近 70 h,中间略有波动,1.4~1.6 m/s、1.6 m/s~1.8 m/s 流速的区间时长达到峰值约 80 h,此后进入缓慢减少阶段,3~4 m/s 时的各个分区时长少于 10 h。其余各月时长分布趋势大致相同。

针对采样点(采样点位置见图 3.62 中白色方框)的潮流能功率密度区间,对采样点每个月的功率密度时长分布进行分析,对功率密度按照 2 kW/m² 进行分区,如图 3.65 所示。第一个功率密度区间上限为 2 kW/m²,对应流速为 1.57 m/s,第二个功率密度区间上限为 4 kW/m²,对应流速为 2 m/s,每个月有较长时间在这两个功率密度区间内,此后时长逐渐缩短。以用电高峰 1 月与 7 月为例,1 月的功率密度有约 370 h(约 15.4 天)小于 2 kW/m²,有约 150 h(约 6 天)落在 2~4 kW/m² 之间,4~6 kW/m² 区间时长约 75 h(约 3 天),余下的 6~40 kW/m² 其各个区间时长均小于 50 h(约 2 天)。7 月的功率密度小于 2 kW/m² 的时长在 350 h 左右(约 14.6 天),有约 160 h(约 6.7 天)位于 2~4 kW/m² 之间,4~6 kW/m² 和 6~8 kW/m² 的功率密度区间时长约 50 h(约 2 天)，此后各个功率密度区间时长均小于 20 h(约 1 天)。

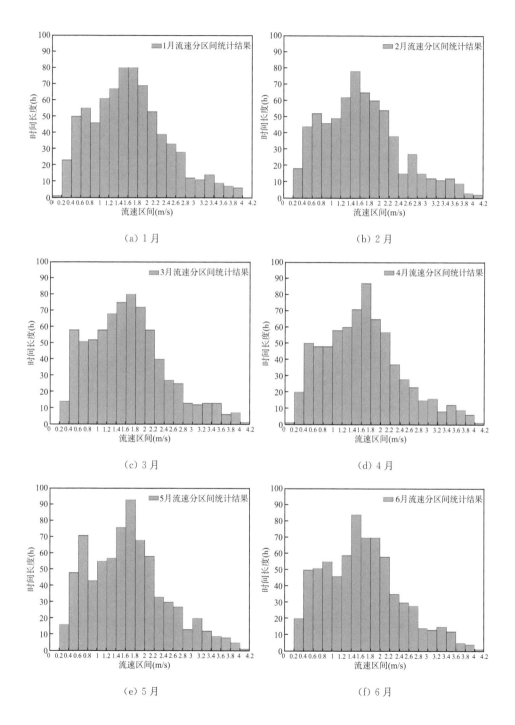

(a) 1 月

(b) 2 月

(c) 3 月

(d) 4 月

(e) 5 月

(f) 6 月

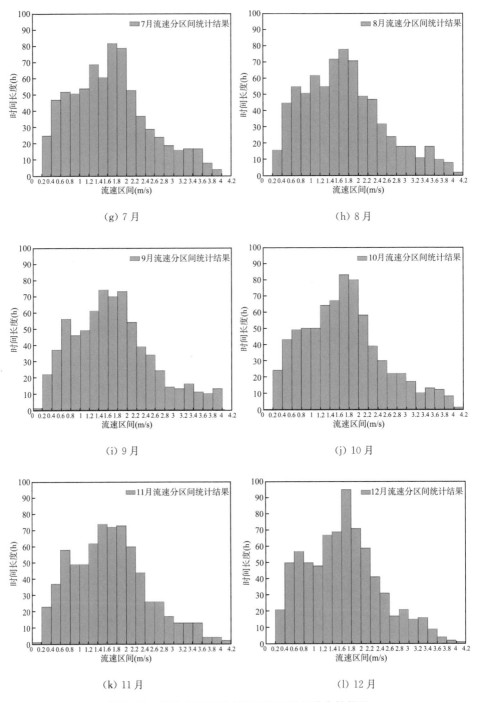

图 3.64　螺头水道采样点每月流速时长分布柱状图

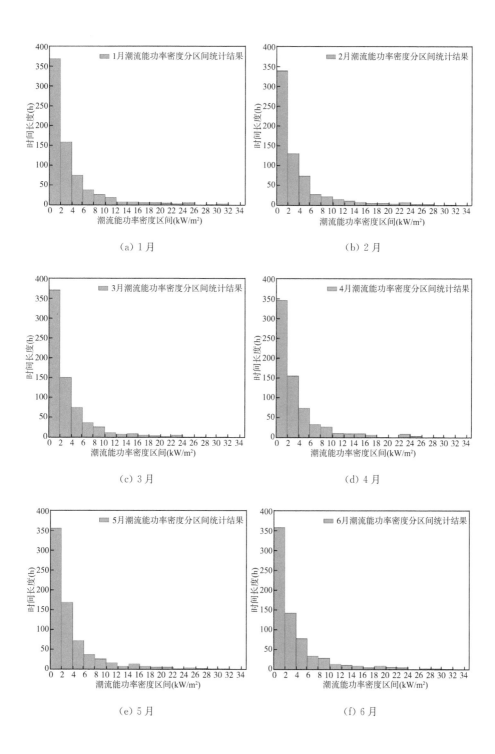

(a) 1月

(b) 2月

(c) 3月

(d) 4月

(e) 5月

(f) 6月

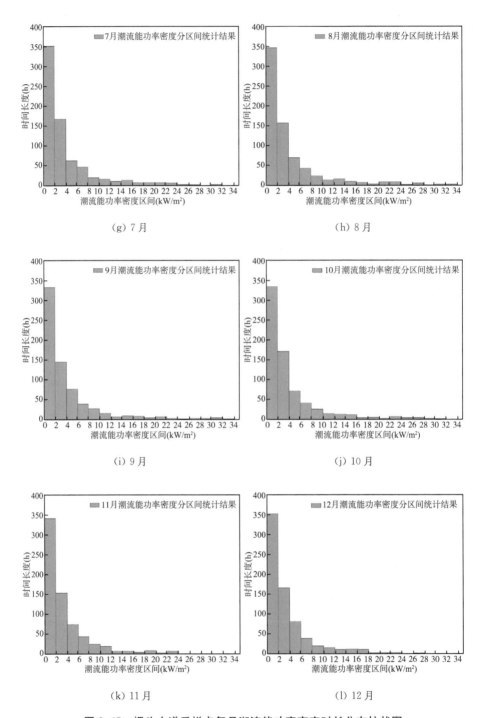

图 3.65 螺头水道采样点每月潮流能功率密度时长分布柱状图

3.5.3 大小潮周期变化

螺头水道大潮平均潮流能功率密度、小潮平均潮流能功率密度空间分布分别见图 3.66 和图 3.67。大潮阶段,螺头水道的潮流能功率密度呈现多点峰值分散布局的情况,峙头山以北、峙头山以东、大猫岛以南、大猫岛与盘峙岛之间,均出现潮流能功率密度峰值区域,其中峙头山以北的峰值超过 10 kW/m² 。小潮阶段,螺头水道的潮流能功率密度较小,几处峰值均为 1 kW/m² 左右。

图 3.68～图 3.70 中分别显示了螺头水道小潮期间流速超过 2.5 m/s、2.0 m/s 和 1.0 m/s 的时长占大潮时长百分比的空间分布,其中 2.5 m/s 是第 1 代水轮机的流速阈值,2 m/s 是第二代水轮机的流速阈值。总体而言,螺头水道大部分区域的流速值均达到了 1 m/s,流速超过 1 m/s 的时长占比超过 60%,大猫岛以南、穿山半岛的峙头山以北、以东流速超过 1 m/s 的时长占比超过 80%,流速超过 2 m/s 的时长占比超过 60%,流速超过 2.5 m/s 的时长占比超过 40%,具有较高的潮流能资源开发潜力。

图 3.71～图 3.73 中分别显示了螺头水道小潮期间流速超过 2.5 m/s、2 m/s 和 1 m/s 的时长占小潮时长百分比的空间分布。小潮阶段,基本不存在流速超过 2.5 m/s 的海域,流速达到 2 m/s 的海域也较小,流速超过 1 m/s 的海域分布在大猫岛周围、穿山半岛峙头山以北、以东海域,时长占比在 40%～60% 之间。

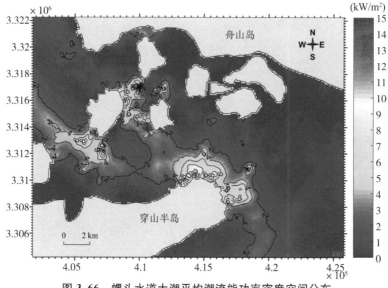

图 3.66 螺头水道大潮平均潮流能功率密度空间分布

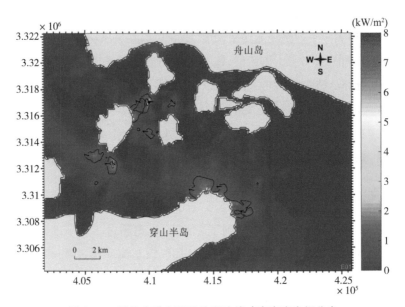

图 3.67　螺头水道小潮平均潮流能功率密度空间分布

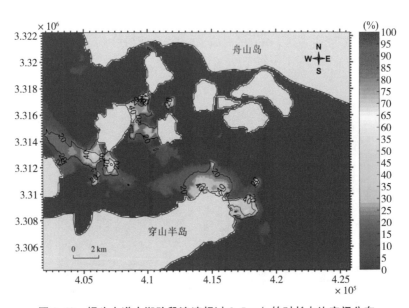

图 3.68　螺头水道大潮阶段流速超过 2.5 m/s 的时长占比空间分布

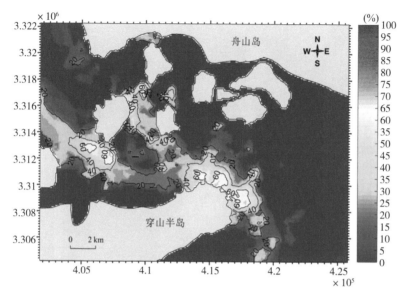

图 3.69　螺头水道大潮阶段流速超过 2 m/s 的时长占比空间分布

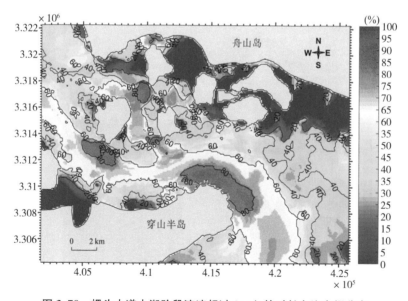

图 3.70　螺头水道大潮阶段流速超过 1 m/s 的时长占比空间分布

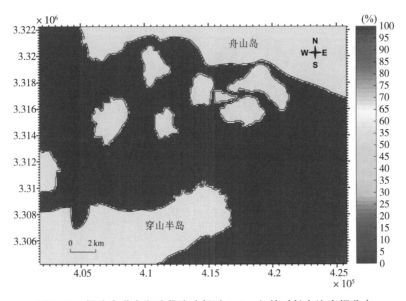

图 3.71　螺头水道小潮阶段流速超过 2.5 m/s 的时长占比空间分布

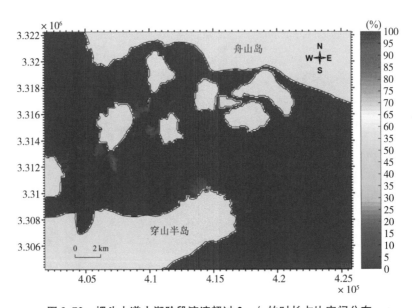

图 3.72　螺头水道小潮阶段流速超过 2 m/s 的时长占比空间分布

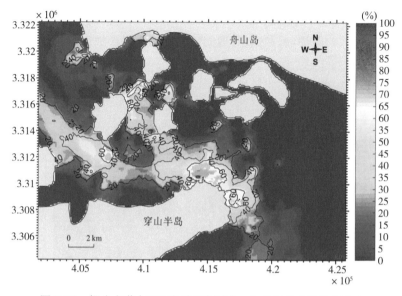

图 3.73　螺头水道小潮阶段流速超过 1 m/s 的时长占比空间分布

3.5.4　流速不对称性

螺头水道大潮阶段涨落急时刻的潮流能功率密度见图 3.74 和图 3.75，大潮流速不对称指标 a 的空间分布见图 3.76。由图可知，大猫岛以西的流速不对称指标大于 1，表明该海域涨潮占优；大猫岛以南海域的流速不对称指标在 1 附近，表明该海域涨落潮流相对平均。穿山半岛以北至峙头山海域的流速不对称指标再次增大，超过了 1.2，表明该海域涨潮流占优。

螺头水道小潮期涨落急时刻的潮流能功率密度见图 3.77 和图 3.78，小潮流速不对称指标 a 的空间分布见图 3.79。由图可知，螺头水道小潮期间流速不对称指标的空间变化较大。大猫岛以西海域的流速不对称指标在 0.8～1 之间，表明该海域落潮流略占优；大猫岛以东局部海域的流速不对称指标超过 2，表明该海域涨潮流占优。穿山水道以北螺头水道大部分海域的流速不对称指标在 1.1～1.2 之间，表明该海域涨潮流略占优。

3.5.5　流向不对称性

螺头水道大小潮期间的流向不对称指数见图 3.80 和图 3.81。由图可知，在螺头水道中部，大小潮的涨落潮往复特征较为明显，存在较大范围海域的流向不对称指数小于 $30°$,大猫岛以南海域的流向不对称指数在 $30°\sim60°$之间。大猫岛东、西两侧,摘笤山东、西两侧的流向不对称性指数超过 $90°$。

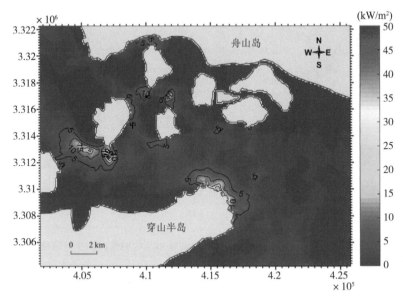

图 3.74 螺头水道大潮涨急时刻潮流能功率密度空间分布

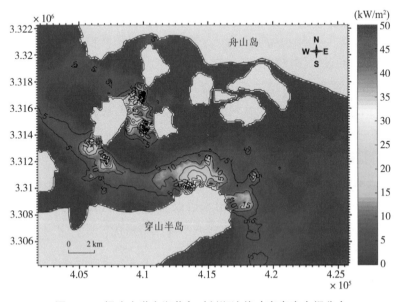

图 3.75 螺头水道大潮落急时刻潮流能功率密度空间分布

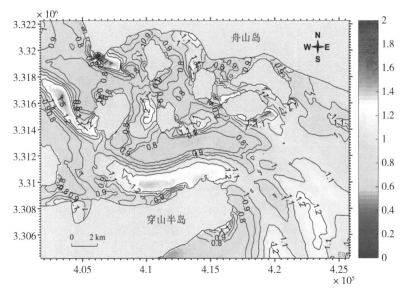

图 3.76　螺头水道大潮流速不对称指标空间分布

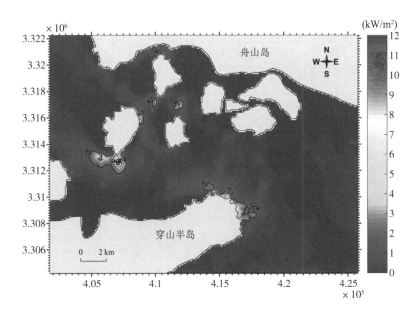

图 3.77　螺头水道小潮涨急时刻潮流能功率密度空间分布

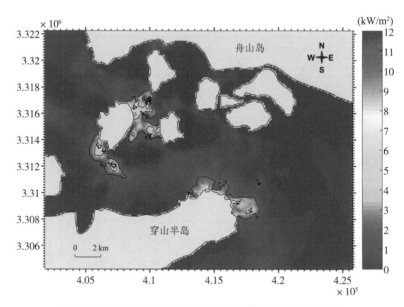

图 3.78　螺头水道小潮落急时刻潮流能功率密度空间分布

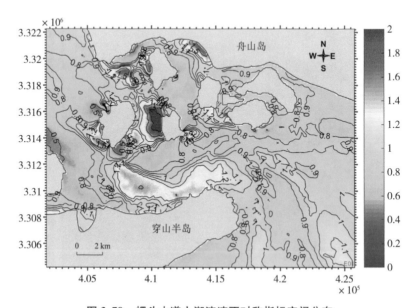

图 3.79　螺头水道小潮流速不对称指标空间分布

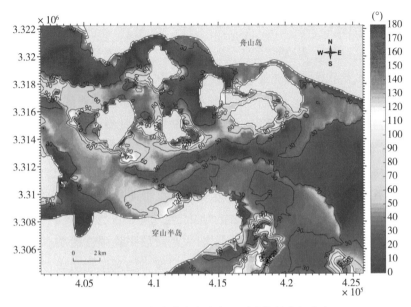

图 3.80　螺头水道大潮流向不对称指数空间分布

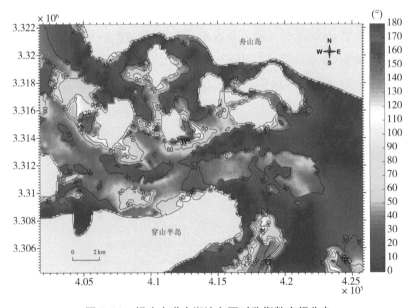

图 3.81　螺头水道小潮流向不对称指数空间分布

3.6 本章小结

舟山海域是我国潮流能最为丰富的地区,从潮流能资源角度来说具备规模化开发的优越条件,也是我国潮流能开发利用最理想的地区,但潮流能资源的空间分布不均匀,岛屿密集的水道流速较强,开敞海域的流速较弱,潮流能资源富集区域主要位于龟山航门、灌门水道、西堠门水道和螺头水道。

从潮流能功率密度的全年平均、季节变化、大小潮周期变化、流速不对称、流向不对称多个时间尺度对重点水道的潮流能资源开展评估。龟山航门、灌门水道、西堠门水道和螺头水道的年均潮流能功率密度为 $6 \sim 8 \ kW/m^2$。由于潮流能功率密度与流速的 3 次方成正比,大潮阶段平均潮流能功率密度可达小潮阶段平均值的数倍,例如龟山航门大潮阶段平均潮流能功率密度的空间峰值为 $15 \ kW/m^2$,小潮阶段为 $2 \ kW/m^2$。龟山航门、灌门水道、西堠门水道和螺头水道大潮阶段均存在流速超过 2.5 m/s(第 1 代水轮机流速阈值,见第 4 章)的海域,龟山航门部分海域大潮阶段流速超过 2.5 m/s 的时长占比超过 60%,灌门水道、西堠门水道和螺头水道部分海域大潮阶段流速超过 2.5 m/s 的时长占比也可达到 40%。这 4 条重点水道流速超过 2 m/s(第 2 代、第 3 代水轮机流速阈值,见第 4 章)的时长占比则更大。从流速不对称指标来看,重点水道的涨落急流速基本对称,大部分海域的流速不对称指标在 0.8~1.2 之间,只有局部海域的超过 1.5。

4

舟山海域潮流能技术
可开发量分析

4.1 应用未来水轮机技术的潮流能技术可开发量

有文献指出[19,20]，按照技术演化的规律，第 1 代潮流能水轮机技术对海域的要求是，大潮最大流速大于 2.5 m/s，水深位于 25～50 m 之间；第 2 代潮流能水轮机技术对海域的要求是，大潮最大流速大于 2 m/s，水深大于 25 m；第 3 代潮流能水轮机技术对海域的要求是，大潮最大流速大于 1.5 m/s，水深大于 25 m。按照上述标准，舟山海域大致有 39.92 km² 海域适合以第 1 代潮流能水轮机技术为依托开发潮流能资源，如表 4.1 所示，这些海域在大小潮阶段提供了 1.738 TJ 的平均潮流动能，如果基于 Seagen-S 2MW 水轮机的功率曲线，如图 4.1 所示，年均可开发电量为 4 289.58 GWh。而如果将标准放宽，针对第 2 代潮流能水轮机技术，舟山海域共有 197.28 km² 海域可供开发，大小潮阶段提供了 9.618 TJ 的平均潮流动能，基于 Seagen-S 2MW 技术的年均可开发量为 13 714.17 GWh。针对第 3 代潮流能水轮机技术，舟山海域共有 494.72 km² 海域可供开发，大小潮阶段提供了 14.734 TJ 的平均潮流动能，基于 Seagen-S 2MW 技术的年均可开发电量为 19 490.26 GWh。

以流速为横坐标，按 0.1 m/s 步进，以水深为纵坐标，按 5 m 步进，海域面积随流速以及水深的分布见图 4.2。当考虑全水深时，舟山海域适合开发潮流能资源的海域面积随流速的减小而指数增大，如图 4.3 所示。结合表 4.1，第 1 代水轮机大潮最大流速超过 2.5 m/s，水深位于 25～50 m 之间，满足该要求的海域仅有 39.92 km²。图 4.3 显示，当流速标准放宽至 1.5 m/s 时，水深为 25～50 m 的海域可提供面积约 300 km² 的海域供潮流能的开发。如果仅将水深标准放宽至 $h > 25$ m，不设水深下限，其面积大致将翻一番。由此可见，流速对海域面积的影响较大，水深对海域面积的影响较小。

当潮流能水轮机技术演化至可以开发大潮最大流速为 2 m/s 的阶段，相对较深海域就可以贡献更大的海域面积和动能，如图 4.3 和图 4.5 所示。例如，在同样的大潮流速为 2 m/s 的海域，若放宽水深的限制，水深要求由原来的 25～50 m 放宽至没有下限，潮流动能可增加 4TJ；而若不放开水深限制，流速阈值需减小至 1.5 m/s，潮流动能才能增加 4TJ。因此，第 2 代水轮机流速阈值被设为 2 m/s，水深上限为 25 m，不设水深下限是合理的。

图 4.6 所示为舟山海域适应第 1 代潮流能水轮机开发标准的海域空间分

布情况,图中,满足条件的海域用颜色高亮显示,不满足条件的海域留白,等值线代表当地的大小潮阶段动能总和。图4.7、图4.8分别是满足第2代水轮机、第3代水轮机开发要求的海域分布格局。由图可知,适合第1代潮流能水轮机开发标准的海域呈多点散发的格局,分布在龟山航门、灌门水道、西堠门水道、册子水道、大猫岛周围、螺头水道等处。当流速标准降低,水深标准放宽,适应第2代潮流能水轮机开发标准的海域呈带状分布的格局,例如西堠门水道与螺头水道贯通。当流速标准进一步降低,满足第3代水轮机开发标准的海域分布进一步扩大,将岱山岛以北、金塘岛以南的海域也囊括了进来。

表4.1 舟山海域应用未来水轮机技术的潮流能技术可开发量

第1代水轮机 ($Sv>2.5$ m/s, 25 m$<h<$50 m)	面积(km²)	39.92
	平均动能(TJ)	1.738
	年均可开发电量(GWh)	4 289.58
第2代水轮机 ($Sv>2.0$ m/s, $h>$25 m)	面积(km²)	197.28
	平均动能(TJ)	9.618
	年均可开发电量(GWh)	13 714.17
第3代水轮机 ($Sv>1.5$ m/s, $h>$25 m)	面积(km²)	494.72
	平均动能(TJ)	14.734
	年均可开发电量(GWh)	19 490.26

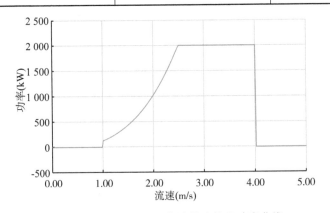

图4.1 Seagen-S 2MW 潮流能水轮机功率曲线

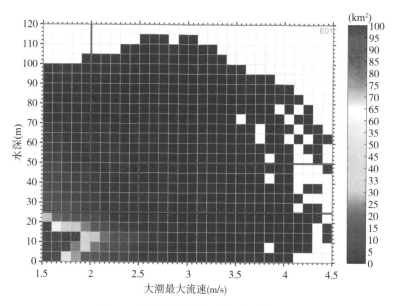

图 4.2　海域面积随流速与水深的分布

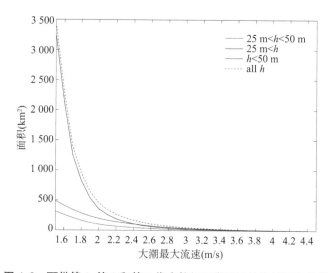

图 4.3　可供第 1、第 2 和第 3 代水轮机开发利用的海域面积特征

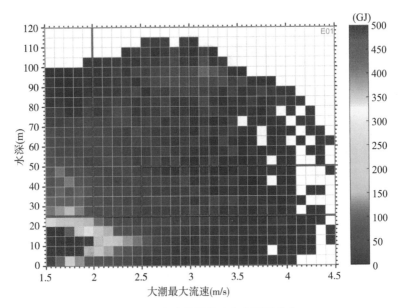

图 4.4　潮流动能随流速与水深的分布

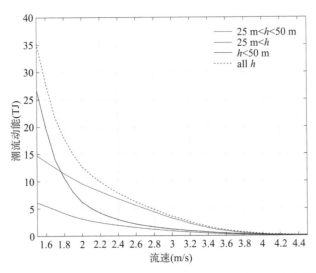

图 4.5　可供第 1、第 2 和第 3 代水轮机开发利用的海域潮流动能特征

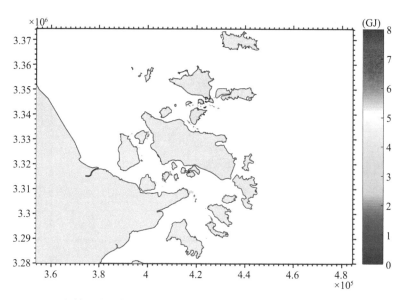

图 4.6　适合第 1 代水轮机开发利用的海域大小潮周期平均潮流动能空间分布

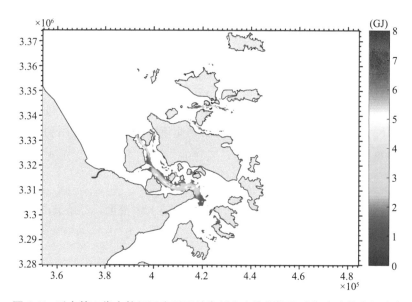

图 4.7　适合第 2 代水轮机开发利用的海域大小潮周期平均潮流动能空间分布

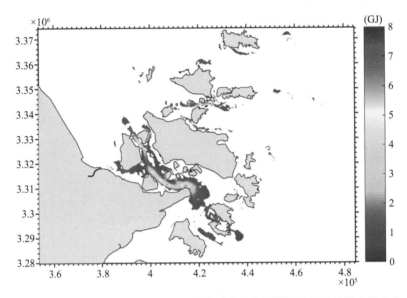

图 4.8 适合第 3 代水轮机开发利用的海域大小潮周期平均潮流动能空间分布

4.2　应用于深水海域的潮流能开发利用指数(TSE)

4.2.1　潮流能开发利用指数(TSE)

Iglesias 等人[21]基于涨落急流速与水深,设计了潮流能开发利用指数,现回顾如下。穿过与潮流流向垂直截面的动能流,即潮流能的可用功率为:

$$P_A = \frac{1}{2}\rho A V_0^3 \tag{4.1}$$

式中:V_0 是未安装水轮机时的天然流速;ρ 是水体密度;A 是选取的截面面积。相应潮流能功率密度,即单位面积上的动能流为:

$$P = \frac{1}{2}\rho V_0^3 \tag{4.2}$$

单位宽度潮流能可用功率可以通过考虑单位宽度与水深的垂直面积来确定;如果考虑水的密度和速度的垂直变化,单位宽度的功率可以写为,

$$P_u = \frac{1}{2} \int_{-h}^{0} \rho(z) \left[v(z) \right]^3 dz \tag{4.3}$$

式中：$\rho(z)$ 和 $v(z)$ 分别是位置 z 处(以向下为正)的水体密度和未安装水轮机时的天然流速；h 是水深。考虑全水深，海水密度变化区间为 1 020～1 050 kg/m^3。由于潮流能开发选址一般都在近岸，海水密度变化区间小很多，特别是上边界较低，因而在潮流能资源评估中，可以认为海水密度为常数。关于潮流流速的垂向变化，垂向平均流速可定义为：

$$V = \frac{1}{h} \int_{-h}^{0} v \, dz \tag{4.4}$$

将式(4.4)代入式(4.3)可得：

$$P_u = \frac{1}{2} \alpha \rho V^3 h \tag{4.5}$$

其中：

$$\alpha = \frac{1}{V^3 h} \int_{-h}^{0} v^3 \, dz \tag{4.6}$$

对于流速垂向没有变化的水流，α 可以取值 1；如果流速垂向有变化，α 大于 1，因为变量立方的平均值大于平均值的立方。垂向平均的流速对于紊流才具有意义，对于层流而言则将失去其物理意义。α 的取值在 1 附近，若直接取值为 1，也不会引起太大误差，例如在宽阔的河道中，$\alpha = 1.03$。基于这样的情况，从保守估计潮流能资源的角度出发，可令 $\alpha = 1$，因而单位宽度潮流能可用功率为：

$$P_u = \frac{1}{2} \rho V^3 h \tag{4.7}$$

从式(4.7)中可以看出，单位宽度潮流能可用功率与 V^3 和 h 的乘积有关。基于以上考虑，TSE 指标是通过考虑潮流中两个时刻(涨急与落急)的流速幅值来构建的，避免受到涨落潮不对称的影响，同时包括了一个函数以弥补浅水的影响。TSE 指标的构建将在下文详述。

在近岸海域，特别是一些河口地区，岸线束缚、地形约束等多种原因使得潮流的涨落潮表现出不对称性，即涨急流速不等于落急流速。若涨急流速大于落急流速,为涨潮流占优;若落急流速大于涨急流速,为落潮流占优。无论是哪种情况,在开展潮流能资源评估时,宜考虑两个流速的影响,若仅以其中一个流速为表征指标,会夸大或低估潮流能资源,进而影响结果准确性。基于以上考虑,定义以下函数:

$$\varphi = \frac{1}{2}(V_f^3 + V_e^3)h \tag{4.8}$$

式中:V_f 与 V_e 分别为涨急、落急流速;h 是平均海平面的水深。

在近岸地区有些海域水深很浅,达不到部分潮流能水轮机的工作要求。在同样的流速条件下,水深越大,安装水轮机越具有灵活性。当水深增加到一定程度后,可安装的空间便足够满足要求,因此水深因素在选址综合考量中的权重有限。定义水深惩罚函数:

$$\xi = \begin{cases} 0, h - \dfrac{\Delta h}{2} \leqslant h_1 \\ \dfrac{1}{h_2 - h_1}\left(h - \dfrac{\Delta h}{2} - h_1\right), h_1 \leqslant h - \dfrac{\Delta h}{2} < h_2 \\ 1, h - \dfrac{\Delta h}{2} \geqslant h_2 \end{cases} \tag{4.9}$$

式中:Δh 是最大潮差;h_1 和 h_2 是水深惩罚函数的上限与下限。将式(4.9)引入式(4.8)中:

$$\varphi^* = \frac{\xi}{2}(V_f^3 + V_e^3)h \tag{4.10}$$

若将式(4.10)无量纲化:

$$TSE = \frac{\xi}{2V_0^3 h_0}(V_f^3 + V_e^3)h \tag{4.11}$$

式中:V_0 是特征流速;h_0 是特征水深。

TSE 的物理意义非常明确,例如 $TSE = 5$ 表征单位宽度潮流能功率是水深为 h_0、垂向平均流速为 V_0 的单位宽度截面功率的 5 倍。

4.2.2 考虑流向的潮流能开发利用指数(TSE)

武贺等[22,23]基于上述基础引入了流向不稳定系数。受海底地形及岛屿岸线等因素的影响,潮流的涨落潮流速、流向均可能存在不对称的情况,潮流能机组主轴一般沿主流向布放,当潮流流向逐渐偏移主流向时,大部分潮流发电机由于无法调节主轴方向从而导致发电效率降低。为了更好地描述涨落潮期间流向的对称性和稳定性变化,引入涨潮流向稳定系数 α_f 和落潮流向稳定系数 α_e:

$$\alpha_f = \frac{\int_0^{T_f} |\cos(\theta_t - \theta_0)| [v(t)]^3 \mathrm{d}t}{\int_0^{T_f} [v(t)]^3 \mathrm{d}t} \tag{4.12}$$

$$\alpha_e = \frac{\int_0^{T_e} |\cos(\theta_t - \theta_0)| [v(t)]^3 \mathrm{d}t}{\int_0^{T_e} [v(t)]^3 \mathrm{d}t} \tag{4.13}$$

式中: T_f 和 T_e 为涨落潮的时长,(h); θ_t 为 t 时刻的潮流流向,(°); θ_0 为潮流最大流速所对应流向,(°); $v(t)$ 为 t 时刻的流速,(m/s)。

将涨落潮流向稳定系数作为式(4.8)中涨落急流速前的系数,以体现流向对水轮机出力的影响:

$$\varphi = \frac{1}{2}(\alpha_f V_f^3 + \alpha_e V_e^3)h \tag{4.14}$$

考虑流向后,修正潮流能开发利用指标为:

$$TSE = \frac{\xi}{2V_0^3 h_0}(\alpha_f V_f^3 + \alpha_e V_e^3)h \tag{4.15}$$

4.2.3 潮流能开发利用指数(TSE)应用于全水深的修正

TSE 指标针对浅水海域潮流能开发利用选址而设计,水深对结果影响较大,如果将其应用于深水海域,例如舟山群岛海域,水深的权重过大,使得当水深越深时,TSE 值越大,但实际上并非水深越深越适合潮流能资源的开发利用。同时,前人在设计 TSE 指标时,受限于当时潮流能水轮机的技术水平,未将 V_0 和 h_0 的取值与水轮机额定流速和直径关联,而是主观地设定 h_0 的取值,而水深等于水轮机直径是安装运维水轮机的下限阈值。

基于以上考虑,本文将对 TSE 指标做出修正,形成 TSE_DS(TSE for

Deep Seas），使之既能够应用于全水深潮流能选址，也能服务于特定的潮流能水轮机选址。TSE_DS 的计算如式（4.12）所示，在分析水深超过某阈值的海域潮流能资源时，可以通过在惩罚函数中增加额外的限制形式以形成新的惩罚函数（见式（4.13））来实现。新的惩罚函数的功能是在计算时减小深水海域水深的权重，避免对深水区域潮流能开发利用选址适宜性的过高评价，特别是避免高估水深已超过绝大多数潮流能水轮机工作水深的海域的潮流能开发潜力。具体做法是，在惩罚函数中引入阈值 h_3，水深超过 h_3 海域的 TSE_DS 指数将被限制在与水深为 h_3 海域相当的水平。与此同时，在考虑惩罚函数中的水深时，使用的均为低潮时刻的水深，即 $\left(h - \dfrac{\Delta h}{2}\right)$，相应地对 TSE 指标中的水深进行修正，也使用低潮时刻的水深进行计算，如式（4.12）中的最后一项。

$$TSE\_DS = \frac{\xi_{DS}}{2V_0^3 h_0}(V_f^3 + V_e^3)\left(h - \frac{\Delta h}{2}\right) \tag{4.16}$$

$$\xi\_DS = \begin{cases} 0, h - \dfrac{\Delta h}{2} < h_1 \\[3mm] \dfrac{1}{h_2 - h_1}\left(h - \dfrac{\Delta h}{2} - h_1\right), h_1 \leqslant h - \dfrac{\Delta h}{2} < h_2 \\[3mm] 1, h_2 \leqslant h - \dfrac{\Delta h}{2} < h_3 \\[3mm] \dfrac{h_3}{h - \dfrac{\Delta h}{2}}, h - \dfrac{\Delta h}{2} \geqslant h_3 \end{cases} \tag{4.17}$$

图 4.9 所示是 h 取值在 0～100 m 之间变化，h_1、h_2、h_3 分别取值 10 m、30 m、50 m，V 取值在 0～4 m/s 之间变化；h_0 取值 10 m，V_0 取值 2 m/s，并进行无量纲化得到的 TSE_DS 随无量纲参数 $\left(h - \dfrac{\Delta h}{2}\right)/h_0$、$V/V_0$ 的变化规律。图 4.10、图 4.11 是截取的图 4.9 的纵剖面图、横剖面图，分别反映固定 $\left(h - \dfrac{\Delta h}{2}\right)/h_0 = 3$ 时，TSE_DS 随 V/V_0 的变化规律；以及固定 $V/V_0 = 1.6$

时，TSE_DS 随 $\left(h - \dfrac{\Delta h}{2}\right) / h_0$ 的变化规律。

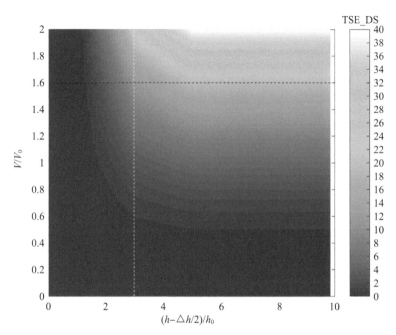

图 4.9　TSE_DS 随无量纲量 h/h_0、V/V_0 的变化规律

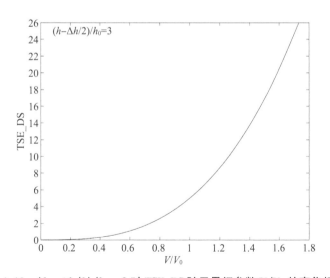

图 4.10　$(h - \Delta h/2)/h_0 = 3$ 时 TSE_DS 随无量纲参数 V/V_0 的变化规律

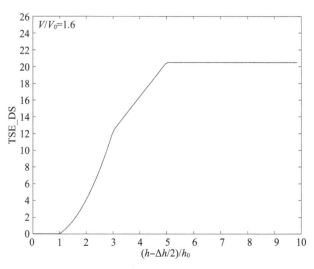

图 4.11 $V/V_0 = 1.6$ 时 TSE_DC 随无量纲参数$(h - \Delta h/2)/h_0$ 的变化规律

4.3 潮流能水轮机出力效果评估体系

Ramos 和 Iglesias[24]提出一套潮流能水轮机出力效果评估体系,包含场址效率系数 η_{ss}、有效时间因子 A_f、容量因子 C_f、输出能量 E_e。

场址效率系数是输出能量 E_e 与可利用能量 E 的比值:$\eta_{ss} = \dfrac{E_e}{E}$;

有效时间因子 A_f 为水轮机有效工作时长与考察总时长的比值;

容量因子 C_f 为实际输出能量与整个考察时间段水轮机都按照额定功率运行所获能量的比值:$C_f = \dfrac{E_e}{TP_r}$。

本文利用这四个参数对潮流能水轮机的出力效果进行评估。

4.4 Seagen-S 2MW 潮流能水轮机技术可开发量分析

4.4.1 TSE_DS 结合 Seagen-S 2MW 潮流能水轮机设计参数在舟山海域的应用

Seagen-S 2MW 潮流能水轮机设计参数见表 4.2,单台水轮机上有 2 个转轮,每个转轮有 2 个叶片。转轮直径为 20 m,工作启动流速为 1 m/s,额定流速为 2.5 m/s,额定功率为 2 MW。TSE_DS 结合 Seagen-S 2MW 潮流能水轮机设计参数在舟山海域的空间分布见图 4.12,在几条重点水道的空间分布见图 4.13~图 4.16。

TSE_DS 结合 Seagen-S 2MW 潮流能水轮机设计参数的空间分布与潮流能功率密度的空间分布较为接近,最大值出现在西堠门水道与螺头水道附近,最大值为 5~6;其次是在龟山航门,TSE_DS 值略超过 2;灌门水道处的 TSE_DS 值较小,整体小于 1。以上结果表明,如果在舟山海域利用 Seagen-S 2MW 水轮机开发潮流能资源,宜优先选择西堠门水道或螺头水道布局。

表 4.2　Seagen-S 2MW 潮流能水轮机设计参数

参数	量值
直径 $D(\mathrm{m})$	20
启动流速 $V_s(\mathrm{m/s})$	1.0
额定流速 $V_r(\mathrm{m/s})$	2.5
额定功率 $P_r(\mathrm{MW})$	2
备注	单台 Seagen-S 2MW 水轮机上有 2 个转轮

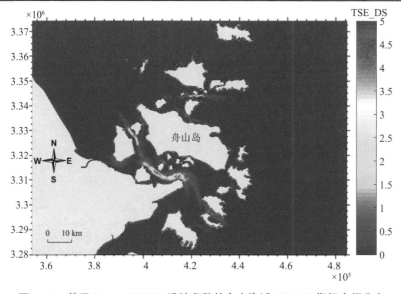

图 4.12　基于 Seagen-S 2MW 设计参数的舟山海域 TSE_DS 指标空间分布

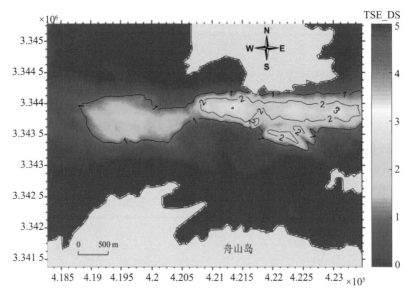

图 4.13　基于 Seagen-S 2MW 设计参数的龟山航门 TSE_DS 指标空间分布

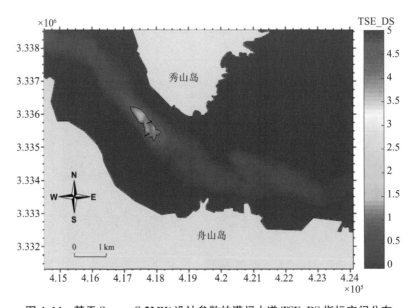

图 4.14　基于 Seagen-S 2MW 设计参数的灌门水道 TSE_DS 指标空间分布

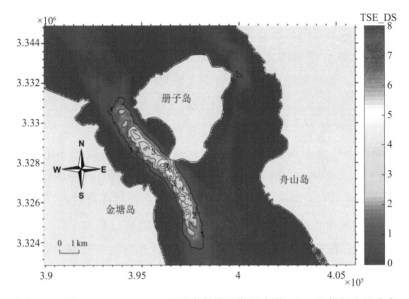

图 4.15　基于 Seagen-S 2MW 设计参数的西堠门水道 TSE_DS 指标空间分布

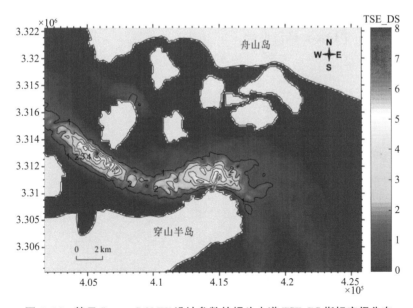

图 4.16　基于 Seagen-S 2MW 设计参数的螺头水道 TSE_DS 指标空间分布

4.4.2 Seagen-S 2MW 潮流能水轮机阵列出力评估

本书选择在西堠门水道布局 Seagen-S 2MW 水轮机阵列,单排布置和两排布置形式如图 4.17 和图 4.18 所示,其中两排水轮机采用交错布置形式,以避免尾流影响。水轮机推力系数参考前人研究成果[25,26],取值 0.8。1# 水轮机处的流速过程,以及基于该过程计算的潮流能功率密度曲线见图 4.19 和图 4.20。由图可知,随着大小潮周期,1# 水轮机处涨落急流速在 2～3 m/s 之间变化,大潮流速约为小潮流速的 1.5 倍。潮流能功率密度最小值约 4 kW/m²,最大值约 25 kW/m²,翻了 6 番,从中也可以看出计算潮流能功率密度时的立方效应,较小的流速变化可以导致潮流能功率密度成倍增长。

单排水轮机布置情况下,1# 水轮机的可开发功率过程与实际出力过程见图 4.21,两排水轮机布置情况下,1# 水轮机的可开发功率与实际出力过程见图 4.22,限于篇幅,本文仅展示 1# 水轮机的动力过程与功率过程曲线。曲线反映了出力对水轮机切入流速、额定流速的响应规律,如当流速小于切入流速时,出力为 0,当流速大于额定流速时,出力进入出现平台期,出力量值为 2 MW。单排水轮机出力曲线与两排水轮机出力曲线大致相当,表明目前的距离已经超过了尾流影响的范围。

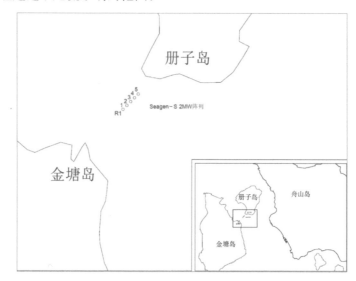

图 4.17 Seagen-S 2MW 单排水轮机布置

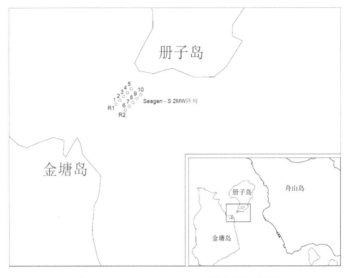

图 4.18　Seagen-S 2MW 两排水轮机布置

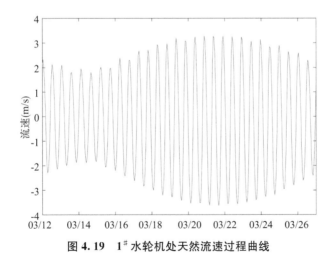

图 4.19　1#水轮机处天然流速过程曲线

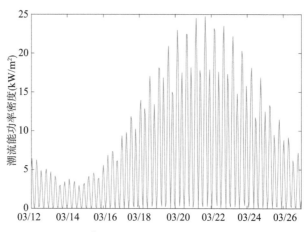

图 4. 20　1$^#$ 水轮机处潮流能功率密度过程曲线

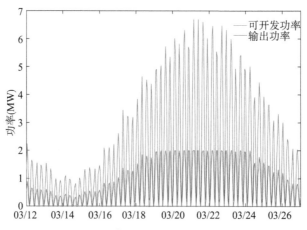

图 4. 21　单排阵列 1$^#$ 水轮机可开发功率与出力过程曲线

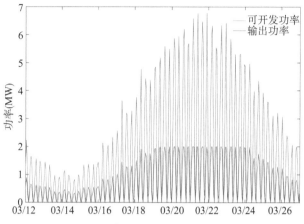

图4.22 两排阵列1#水轮机可开发功率与出力过程曲线

单排阵列各个水轮机的场址效率系数、有效时间因子、容量因子、发电量见表4.3,两排阵列各个水轮机的场址效率系数、有效时间因子、容量因子、发电量见表4.4。单排水轮机时,场址效率系数在0.36～0.38之间,有效时间因子在0.70～0.76之间,容量因子在0.46～0.52之间,发电量在249.00～271.83 MWh之间。两排阵列中各个水轮机的场址效率系数、有效时间因子、容量因子与单排阵列中的相近,单台发电量变化不大,由于水轮机数量翻了一番,总发电量也增长了1倍。

表4.3 Seagen-S 2MW 单排水轮机场址效率系数、有效时间因子、容量因子、发电量

水轮机	场址效率系数 η_{ss}(一)	有效时间因子 A_f(一)	容量因子 C_f(一)	发电量 E_e(MWh)
1#	0.38	0.76	0.46	251.01
2#	0.38	0.76	0.48	259.65
3#	0.37	0.73	0.50	266.63
4#	0.36	0.72	0.52	271.83
5#	0.37	0.70	0.49	249.00
平均值	0.37	0.73	0.49	259.62

表4.4 Seagen-S 2MW 两排水轮机场址效率系数、有效时间因子、容量因子、发电量

水轮机	场址效率系数 η_{ss}(一)	有效时间因子 A_f(一)	容量因子 C_f(一)	发电量 E_e(MWh)
1#	0.38	0.76	0.45	246.29
2#	0.38	0.74	0.48	255.61
3#	0.37	0.73	0.5	263.15

续表

水轮机	场址效率系数 η_{ss}（一）	有效时间因子 A_f（一）	容量因子 C_f（一）	发电量 E_e（MWh）
4$^{\#}$	0.36	0.72	0.52	271.18
5$^{\#}$	0.38	0.71	0.48	244.96
6$^{\#}$	0.38	0.73	0.43	225.22
7$^{\#}$	0.37	0.72	0.46	238.63
8$^{\#}$	0.37	0.71	0.47	241.58
9$^{\#}$	0.37	0.69	0.48	240.55
10$^{\#}$	0.37	0.67	0.47	226.97
平均值	0.37	0.72	0.47	245.41

4.5　Sabella D10 潮流能水轮机技术可开发量分析

4.5.1　TSE_DS 结合 Sabella D10 潮流能水轮机设计参数在舟山海域的应用

Sabella D10 潮流能水轮机设计参数见表 4.5，单台水轮机上有 1 个转轮，每个转轮有 3 个叶片。转轮直径为 10 m，工作启动流速为 1 m/s，额定流速为 4 m/s，额定功率为 1 MW。TSE_DS 结合 Sabella D10 潮流能水轮机设计参数在舟山海域的空间分布见图 4.23，在几条重点水道的空间分布见图 4.24～图 4.27。

TSE_DS 结合 Sabella D10 潮流能水轮机设计参数的空间分布较为平均，龟山航门、西堠门水道出现一处 TSE_DS 峰值，峰值均在 2 附近。螺头水道出现两处峰值，峰值也在 2 附近。灌门水道的 TSE_DS 峰值略小，接近 1。以上结论表明，如果在舟山海域利用 Sabella D10 水轮机开发潮流能资源，宜优先选择龟山航门、西堠门水道或螺头水道布局。

表 4.5　Sabella D10 潮流能水轮机设计参数

参数	量值
直径 D(m)	10
启动流速 V_s(m/s)	1.0
额定流速 V_r(m/s)	4.0
额定功率 P_r(MW)	1

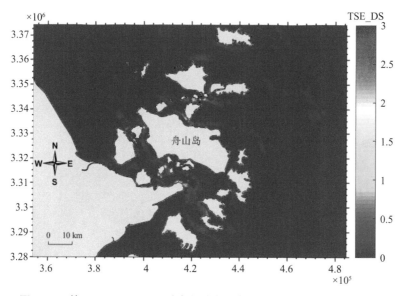

图 4.23 基于 Sabella D10 设计参数的舟山海域的 TSE_DS 指标空间分布

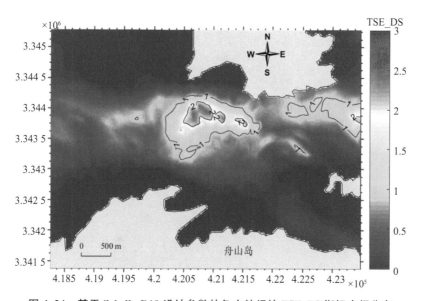

图 4.24 基于 Sabella D10 设计参数的龟山航门的 TSE_DS 指标空间分布

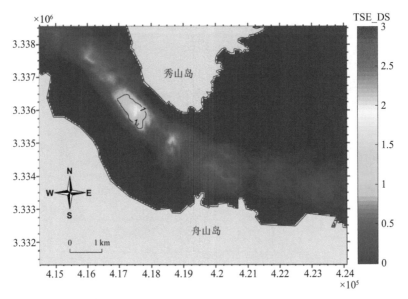

图 4. 25　基于 Sabella D10 设计参数的灌门水道的 TSE_DS 指标空间分布

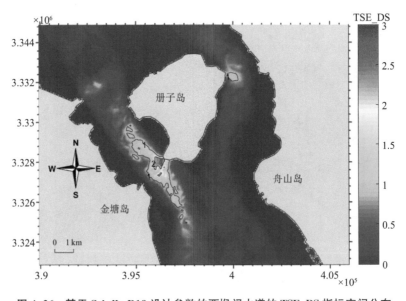

图 4. 26　基于 Sabella D10 设计参数的西堠门水道的 TSE_DS 指标空间分布

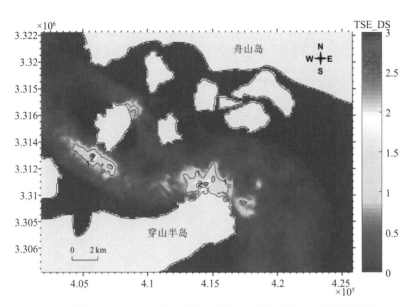

图 4.27 基于 Sabella D10 设计参数的螺头水道的 TSE_DS 指标空间分布

4.5.2 Sabella D10 潮流能水轮机阵列出力评估

本书选择在龟山航门布局 Sabella D10 水轮机阵列，单排布置和两排布置形式如图 4.28 和图 4.29 所示，其中两排水轮机采用交错布置形式，以避免尾流影响。水轮机推力系数参考前人研究成果[27,28]，取值 0.8。$1^{\#}$ 水轮机处的流速过程及基于该过程计算的潮流能功率密度曲线见图 4.30 和图 4.31。由图可知，随着大小潮周期，$1^{\#}$ 水轮机处涨落急流速在 $2\sim3$ m/s 之间变化，大潮流速约为小潮流速的 1.5 倍。潮流能功率密度最小值约 4 kW/m²，最大值约 25 kW/m²，翻了 6 番，从中也可以看出计算潮流能功率密度时的立方效应，较小的流速变化可以导致潮流能功率密度成倍增长。

单排水轮机布置情况下，$1^{\#}$ 水轮机的可开发功率过程与实际出力过程见图 4.32，两排水轮机布置情况下，$1^{\#}$ 水轮机的可开发功率与实际出力过程见图 4.33，限于篇幅，本文仅展示 $1^{\#}$ 水轮机的动力过程与功率过程曲线。曲线反映了出力对水轮机切入流速、额定流速的响应规律，如当流速小于切入流速时，出力为 0，Sabella D10 的额定功率为 4 MW，而该处流速小于 4 m/s，故 Sabella D10 水轮机没有表现出平台期，最大出力接近 10 MW

单排阵列各个水轮机的场址效率系数、有效时间因子、容量因子、发电量

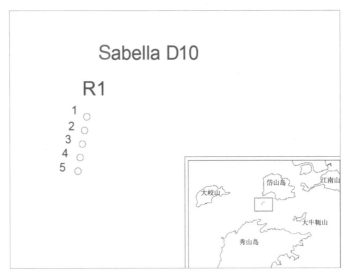

图 4.28 Sabella D10 单排水轮机布置

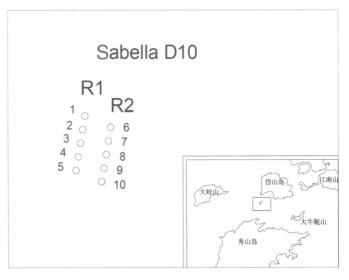

图 4.29 Sabella D10 双排水轮机布置

见表 4.6,两排阵列各个水轮机的场址效率系数、有效时间因子、容量因子、发电量见表 4.7。单排水轮机时,各台水轮机的场址效率系数均为 0.38,有效时间因子在 0.80~0.83 之间,容量因子在 0.24~0.26 之间,发电量在 65.80~77.41 MWh 之间。两排阵列中各台水轮机的场址效率系数、有效时间因子与单排阵列中的水轮机相近,容量因子略增大至 0.28,单台发电量在 65.80~84.49 MWh 之间,与单排阵列的单台发电量相比略有增大。

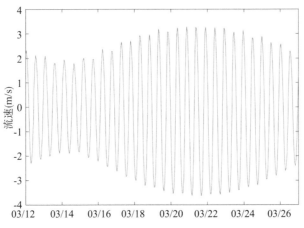

图 4.30 Sabella D10 阵列 1\# 水轮机处天然流速过程曲线

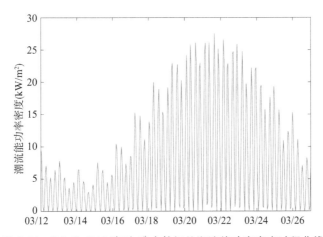

图 4.31 Sabella D10 阵列 1\# 水轮机处潮流能功率密度过程曲线

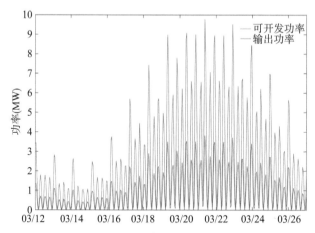

图 4.32 Sabella D10 单排阵列 1# 水轮机可开发功率与出力过程曲线

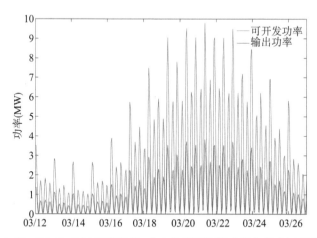

图 4.33 Sabella D10 两排阵列 1# 水轮机可开发功率与出力过程曲线

表 4.6　单排水轮机场址效率系数、有效时间因子、容量因子、发电量

水轮机	场址效率系数 η_{ss}（一）	有效时间因子 A_f（一）	容量因子 C_f（一）	发电量 E_e（MWh）
1$^{\#}$	0.38	0.83	0.26	77.41
2$^{\#}$	0.38	0.82	0.25	75.62
3$^{\#}$	0.38	0.82	0.26	75.96
4$^{\#}$	0.38	0.81	0.26	75.16
5$^{\#}$	0.38	0.80	0.24	70.87
平均值	0.38	0.82	0.25	75.00

表 4.7　两排水轮机场址效率系数、有效时间因子、容量因子、发电量

水轮机	场址效率系数 η_{ss}（一）	有效时间因子 A_f（一）	容量因子 C_f（一）	发电量 E_e（MWh）
1$^{\#}$	0.38	0.84	0.26	77.64
2$^{\#}$	0.38	0.82	0.24	70.43
3$^{\#}$	0.38	0.81	0.24	70.43
4$^{\#}$	0.38	0.8	0.25	71.75
5$^{\#}$	0.38	0.79	0.23	65.80
6$^{\#}$	0.38	0.84	0.28	84.49
7$^{\#}$	0.38	0.83	0.28	83.1
8$^{\#}$	0.38	0.83	0.28	84.29
9$^{\#}$	0.38	0.82	0.28	81.99
10$^{\#}$	0.38	0.81	0.28	82.48
平均值	0.38	0.82	0.26	77.24

4.6　本章小结

舟山海域满足第 1 代水轮机设计要求（大潮最大流速超过 2.5 m/s，海域水深 25～50 m）的海域面积为 39.92 km²，平均动能为 1.738TJ。考虑到流速、流向的不对称性以及海域的其他功能，要想实现潮流能资源开发的产业化，舟山海域还需考虑第 2 代水轮机（大潮最大流速超过 2 m/s，水深超过 25 m）以增加适宜潮流能资源开发的海域空间。若水轮机技术进一步演进，第 3 代水轮机技术成熟时，可供潮流能资源开发的海域空间进一步增加，空间

距离带来的相位差,将有可能产出持续的出力。

前人在研究潮流能开发利用指数时,并未对水深进行限制,导致水深越大,潮流能开发利用指数越大,表明越适合潮流能资源的开发,然而事实上,考虑到运维难度等因素,开发潮流能资源的适宜性随水深增大仅在一定范围内成立。本文针对前人提出的潮流能开发利用指数,考虑流向的影响,提出了适用于全水深的潮流能开发利用指数,旨在避免对深水海域潮流能资源开发潜力的过高估计。并结合 Seagen-S 2MW 水轮机、Sabella D10 水轮机的设计参数,应用于舟山海域,甄别了龟山航门、灌门水道、西堠门水道、螺头水道分别适宜上述两种潮流能设备的重点海域。

采用四参数评估方法,包括场址效率系数、有效时间因子、容量因子和能量输出,应用 Seagen-S 2MW 水轮机,在西堠门水道布置单排阵列和两排阵列,以及应用 Sabella D10 水轮机,在龟山航门布置单排阵列和两排阵列,得出各个水轮机的场址效率系数、有效时间因子、容量因子和能量输出。研究结果表明,在西堠门水道布置 Seagen-S 2MW 水轮机时具有较高的场址效率系数、容量因子和能量输出,主要由于 Seagen-S 2MW 水轮机具有较小的启动流速和较大的额定功率。在龟山航门布置 Sabella D10 水轮机时具有较高的有效时间因子,主要原因是该水轮机具有较大的工作流速区间。

5

舟山海域典型港口能耗分析

5.1　港口交通基础设施用能形态

　　根据港口不同区域的功能定位,结合港口实际发展规划情况,港口能耗负荷主要包括临港/码头工业负荷、公共服务负荷、商业负荷、生活负荷四个部分,如图 5.1 所示。其中临港/码头工业负荷实行昼夜连续作业,有较大的用能需求,且对可靠性要求较高,在用能种类上包括电、热、冷等多种用能形式;近年来,随着相关设备的升级改造,越来越多的港口工业设备实现了电气化运行。公共服务负荷与商业负荷主要集中在白天,且所占港口负荷比重较小,对供能可靠性的要求不高,能源种类主要为电能。生活负荷的特点在于其用能时序与其他类型的负荷正相反,负荷高峰一般出现在晚上,用能种类主要包括电、热和气等多种。

图 5.1　港口交通基础设施用能形态

5.2　港口交通基础设施用能模式

水路交通基础设施能量消耗方式主要是港口装备用能、交通用能、在港船舶用能等,包括港口机械和停泊船能源消耗两大类,如图 5.2 所示。基础设施能源消耗主要分为电能和燃油两大类。其中,电能占整体能源需求的主要部分,主要供给电力装卸设备;燃油则主要用于运输作业车辆。靠港船舶的早期用能主要是靠停泊发电机通过消耗燃油发电来满足;近年来,靠港船舶则主要使用岸电系统,利用岸电设施为停靠船舶提供相对廉价、高质量、稳压稳频的电能,以满足船舶用能需求,从而减少柴油发电机组的使用,减少船舶燃油消耗,降低船舶运营成本,优化港区大气环境,提高港口码头的竞争力。

基础设施的能量需求主要由电能、燃油、煤炭、LNG(液化天然气)等能源提供。其中,电能、煤炭、燃油满足了绝大部分能量需求。电能主要用于装卸运输机械用电、堆存保障用电、维护管理用电;柴油主要用于装卸机械、运输机械等的用油;汽油主要用于车辆的公务通勤和维修用油等。

以天津港为例,该港作为我国北方最大的综合性对外贸易港,港内各类生产物流设施齐全,相关统计数据充足。天津港 2018 年的用能情况如下:①电力消耗占总能耗的比重约为 36.08%,燃油消耗占总能耗的比重约为 37.90%,煤炭消耗占总能耗的比重约为 26.02%,耗能组成较为平均;②生产用能占比约为 40.69%,非生产用能占比约为 59.31%,非生产用能消耗所占的比例相对较高;③当港口吞吐量增长了 22% 时,总能源消耗环比增长了 10.42%,电能消耗的增长约为 32.11%,超过了吞吐量的增长。

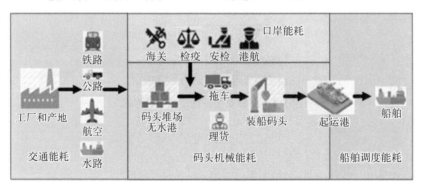

图 5.2　港口交通基础设施用能模式[29]

5.3 舟山港域港口能耗分析

舟山港域 2019—2021 年货物吞吐量列于表 5.1 中。港口生产单位吞吐量综合能耗的单位为"吨标准煤/万吨吞吐量",需要将各种港口生产综合能源实物消耗量折算成标准煤的量。根据《2019 年交通运输行业发展统计公报》,港口企业每万吨单耗 2.1 吨标准煤。根据《港口能源消耗统计及分析方法》(GB/T 21339—2020)附录 B,标准煤与电力折算系数可取 0.122 9 kgce/kWh[30]。

由表 5.1 可知,舟山港域 2019 年平均月货物吞吐量为 4 466.35 万吨,2020 年平均月货物吞吐量为 4 761.80 万吨,增加了 295.45 万吨,增加了 6.62%。2021 年平均月货物吞吐量为 4 981.17 万吨,较 2019 年增加了 514.82 万吨,增加了 10.81%。针对月吞吐量,三年中都是 2 月份较少,6 月份较多。

结合上述数据,根据港口生产单位吞吐量综合能耗、标准煤与电力折算系数,可以折算得到港口生产货物吞吐量的当量电力能耗,见图 5.3。2019—2021 年三年每月均值大致能够反应这三年各自年内的变化趋势,其中 2 月份最少,为 65 653.4 MWh,此后 3—5 月逐渐增多,6 月份达到峰值为 103 553.4 MWh,7 月至次年 1 月的月均电力能耗变化较为平缓,维持在 8 000 MWh 左右。舟山港域 2019—2021 年三年电力能耗年均值为 971 695.0 MWh。

表 5.1 舟山港域 2019—2021 年货物吞吐量 单位:万吨

	2019 年	2020 年	2021 年
1 月	4 012.34	4 130.45	4 800.13
2 月	3 224.43	3 761.91	4 534.42
3 月	4 017.70	4 164.49	4 692.39
4 月	4 533.02	4 772.27	5 044.12
5 月	4 830.85	5 130.67	5 138.18
6 月	5 908.75	6 447.21	5 815.44
7 月	4 867.53	5 336.80	4 566.35
8 月	4 639.67	4 869.42	5 138.18

续表

	2019 年	2020 年	2021 年
9 月	4 539.73	4 835.07	4 693.93
10 月	4 348.98	4 915.34	5 077.05
11 月	4 393.36	4 634.60	4 947.23
12 月	4 279.78	4 143.31	5 326.59
平均值	4 466.35	4 761.80	4 981.17

数据来自"舟山市港航和口岸管理局—政府信息公开"网站

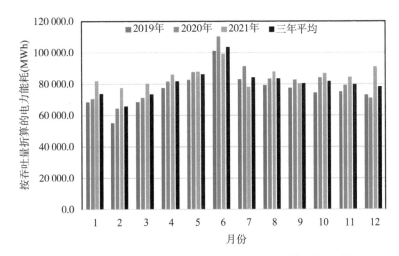

图 5.3　2019—2021 年舟山港域按货物吞吐量折算的电力能耗

　　表 5.2 给出了 2019—2022 年舟山港域按货物吞吐量折算的电力能耗与前文计算的水轮机阵列发电量对比。2019—2022 年宁波舟山港按货物吞吐量折算的电力能耗平均值为 971 694.7 MWh，西堠门水道 Seagen-S 2MW 水轮机单排阵列年发电量为 31 154.4 MWh，占宁波舟山港电力能耗三年均值的 3.2%；Seagen-S 2MW 水轮机两排阵列年发电量为 58 898.4 MWh，占宁波舟山港电力能耗三年均值的 6.1%；龟山航门 Sabella D10 水轮机单排阵列年发电量为 9 000 MWh，占宁波舟山港电力能耗三年均值的 0.9%；Sabella D10 水轮机两排阵列年发电量为 18 537.6 MWh，占宁波舟山港电力能耗三年均值的 1.9%。

表 5.2　2019—2021 年舟山港域当量电力能耗与水轮机阵列发电量对比

		能源消耗或供给 （MWh）	能源供给占 2019—2021 年 耗电量平均值的比例
宁波舟山港 当量电量能耗	2019 年	916 285	—
	2020 年	976 897	
	2021 年	1 021 902	
	2019—2021 年平均值	971 694.7	
水轮机阵列 年发电量	Seagen-S 2MW 水轮机单排阵列	31 154.4	3.2%
	Seagen-S 2MW 水轮机两排阵列	58 898.4	6.1%
	Sabella D10 水轮机单排阵列	9 000	0.9%
	Sabella D10 水轮机两排阵列	18 537.6	1.9%

5.4　本章小结

在分析港口用能形态和用能模式的基础上，本章对宁波舟山港的港口生产货物吞吐量的当量电力能耗进行了统计分析，2019—2021 年平均当量电力能耗为 971 694.7 MWh；Seagen-S 2MW 水轮机单排阵列、两排阵列和 Sabella D10 水轮机单排阵列、两排阵列的发电量分别为 31 154.4 MWh、58 898.4 MWh、9 000 MWh、18 537.6 MWh，分别占 2019—2021 年平均当量电力能耗的 3.2%、6.1%、0.9%、1.9%。本研究中的两排阵列仅有 10 台水轮机，产生的电力供给占需求的百分比较小，这体现了潮流能资源规模化开发的重要性，展现了与其他可再生能源品类共同开发，共同优化港口绿色能源结构的发展方向。

6

水运交通基础设施与可再生能源融合发展探讨

6.1 融合发展的模式

在"双碳"战略背景下,港口的发展需要以可再生能源技术为载体,以自然资源禀赋为依托,从源头处逐步替换与改变传统的化石能源形式。前文述及,潮流能资源需与其他可再生能源品类协同,或形成规模化阵列开发,才能有效调整优化港口的能源供给结构。然而,海洋环境复杂恶劣,在短期内难以建设长寿命周期的潮流能开发装备,并且在海域使用方面还存在诸多挑战。因此,随着中国港口电能需求的快速增长,以及风能、太阳能、氢能等可再生能源品类的成熟,以岸电为主体,基于多种绿色能源协同利用的综合能源系统成为港口基础设施与能源融合发展的主旋律。

作为港口消耗的主要能源(油、煤、电)之一,电能需求增长得最快,在港口现代化建设和能源消费绿色化转型过程中扮演着重要角色。为了推进基础设施的节能减排,在交通运输部提出明确的岸电供应规划后,各大港口积极开展岸电系统建设,为大规模推广岸电提供了有利条件,靠港船舶使用岸电已成为大势所趋。特别对于靠港时间较长的大型船舶,通过采用岸电系统,一方面可以减少污染物排放、改善港区作业环境;另一方面可以减少燃料消耗和运营成本、提高经济收益。

岸电的一次能源形式往往也是化石等不可再生能源,然而随着港口货物吞吐量的快速提升,港口陆域空间扩大、近岸岸线岛屿束窄水流、海上风电向深远海发展,赋予了港口较多自然资源禀赋,使得太阳能、风能、潮流能等绿色能源与电网供电相融合成为可能。一方面可以在港口能源供给端使用绿色能源,另一方面可以减轻城市体系用电负荷。风电作为一种绿色能源,成本相对较低,风机占地面积小,并且能够产生一定的环境效益和经济效益,在港口应用领域具有良好前景。此外,可利用港口基础设施的闲置空间,例如仓库或办公楼宇顶部,铺设太阳能光伏板,实现通过太阳能光伏发电为港口供能。随着电能替代措施在港口行业的应用与推广,特别是在绿色低碳港口建设和港口与清洁能源融合发展提出之后,港口主要的能源消耗逐渐由传统化石能源向电能转移。传统港口的电能主要从"远方"来,通过供配电系统配送给港区各作业设备。可再生能源的广泛利用,可以根据港口的资源配置采取适合港口特点的能量源。具有丰富太阳能的港口可采用光伏发电系统,如厦门港、深圳盐田港；或利用港口丰富的风力资源进行风力发电。港口能源利用形式趋于多样化，除风能、太阳能外，潮流能、波浪能和储能技术也获得了应用（图6.1）。未来港口电能的获取也将由"远方来"转化为"远方来"和"身边取"两种方式共存。

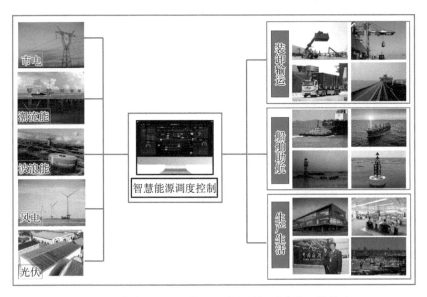

图 6.1　未来水运交通基础设施与能源融合发展的模式

6.2　融合发展的路径

6.2.1　可再生能源利用的典型案例

对于潮流能、波浪能、风能、太阳能等能源，可通过发电装置为港口电网提供部分电能，与港区外部市电系统相结合，实现不同能源之间的优势互补并减少污染物的排放；港口的太阳能利用存在其特殊性，要求充分利用屋顶资源，必要时需要强化建造结构，同时配备储能装置，才能满足港区能源供应需求；蓄电池和氢能可被应用于港口中各种大型起重机械、水平搬运机械及流动车辆，减少污染物排放、维修保养工作量及备件成本，提高设备运行平稳性，有效削减码头现场工作噪音，提升环境质量。

（1）潮流能开发——LHD 林东模块化大型海洋潮流能项目

LHD 海洋潮流能发电项目位于浙江舟山,由林东新能源董事长担任总工程师。2016 年 7 月 27 日,LHD 项目首期 1 兆瓦机组顺利下海发电,同年 8 月 26 日成功并入国家电网,实现了中国海洋潮流能开发与利用进程中大功率发电、稳定发电、并入电网的三大跨越,是亚洲首个、世界第三个实现连续发电并网的潮流能发电项目。

随着一、二期平台陆续下水,系列机组陆续投运,持续稳定并网发电时间超过 68 个月,而此前世界最大潮流列阵项目——苏格兰 MeyGen 项目持续运行时长不足 12 个月。其中,单机功率 1.6 兆瓦的"奋进号"水轮机为目前国际上最大的潮流能机组,各项技术指标均处于世界领先水平。截至 2023 年 2 月,累计并网发电超过 387 万千瓦时,等效减少 CO_2 排放约 3 038 吨。

LHD 海洋潮流能发电项目的下水投运,有效解决了海岛及沿海区域供电、开发等海洋经济领域的重大问题,对于保障优化能源结构、促进节能减排、助力"碳达峰、碳中和"等具有重要意义。项目先后入选国际能源署发布的"全球海洋能 20 大亮点工程"和"全球潮流能亮点工程",标志着中国潮流能资源利用水平已进入世界前列。

图 6.2　LHD 林东模块化大型海洋潮流能水轮机俯视图

图 6.3　LHD 林东模块化大型海洋潮流能电力并网系统

（2）海上风电——东海大桥海上风电场

东海大桥海上风电场项目位于上海东海大桥东侧,位于临港新城至洋山深水港的东海大桥两侧 1 000 米以外沿线,最北端距离南汇嘴岸线近 6 公里,最南端距岸线 13 公里,全部位于上海市境内。风电场由 34 台单机容量为 3 兆瓦的风电机组组成,总装机容量为 10.2 万千瓦,年上网电量为 2.67 亿千瓦时。所发电量通过海底电缆送回陆地,可供上海 20 余万户居民用一年,相当于每年节约燃煤近 10 万吨。

在海上修建风电场时,由于海洋水文、气候条件和海底地质条件都非常复杂,因此给风电机组地基基础设计和建造带来了困难。风机地基基础设计和建造,是海上风电场建设的难题之一,对其经济性和适用性将产生重要影响。在东海大桥海上风电场设计中,设计单位对风机地基基础进行了专题设计研究,对海上风电场风机基础结构选型、结构计算分析等进行了深入研究,初步掌握了海上风机地基基础特性及若干设计技术关键。

东海大桥海上风电场的建成,使我国成为继荷兰、丹麦和英国等国家之后,又一个拥有海上风电场的国家,对我国可再生能源发展具有重要示范意义。

图6.4 东海大桥海上风电场

（3）港口光伏——天津港

2019年12月28日,天津港C段智能化集装箱码头开工建设。这是天津港集团打造的2.0版自动化集装箱码头:在自动化建设的要求上,加入绿色、零碳的建设目标。

在能源供给侧,天津港C段智能化集装箱码头通过一系列绿色发电技术,代替传统火电,并打造"风光储荷一体化"的智慧绿色能源系统,为零碳运营的目标铺路。C段码头利用绿化带、建筑屋面等空间如1.6万平方米的屋顶,规划1 400千瓦时屋顶分布式光伏,构成全国港口单体装机容量最大的光伏电站。并将地源热泵、光伏、风电项目与码头的运营有机融合起来。自2021年10月17日正式投运开始,C段码头无论是生产用电需求还是办公用电需求,年能耗量已实现百分之百清洁能源,以及百分之百自给自足。

据统计,目前天津港已投产风力、光伏发电系统的装机容量达到2.8万千瓦,年发绿电近6 000万千瓦时,这意味着港口每年可节约标准煤约1.8万吨,年减少二氧化碳排放 5 万余吨,相当于植树 14 万棵。

图 6.5　天津港的风力发电机组

图 6.6　天津临港海水淡化与综合利用示范基地分布式光伏发电项目

在能源消耗侧,C 段码头也在不断优化港口的用能结构,包括水平运输车辆的升级、智能水平运输机器人(Artificial Intelligence Robot of Transportation,ART)、电动集卡替代传统柴油集卡等措施。2022 年初,氢燃料电池集卡也在天津港投入生产运营,成为清洁能源车队中的一员。在储能方面,C段码头在场内实现储能电站与电动集卡充电站的一体化,用风光绿电给电池箱完成充电,多余电量按需求响应电网,一套零碳化的生产场景就此实现闭环。

6.2.2 融合发展的政策支撑

(1)顶层设计,规划引领

目前,水路交通与可再生能源融合在中国能源系统和交通运输系统中的重要性正逐渐受到认可,无论是交通行业的顶层设计,例如《交通强国建设纲要》《国家综合立体交通网规划纲要》,还是交通科技领域的专门规划《"十四五"交通领域科技创新规划》,都对交通与能源融合发展进行了部署。但这些都针对大交通领域,尚无水路交通与可再生能源融合发展的具体措施。因此,亟须从行业层面出台专题规划来部署水路交通与可再生能源的近期成果与远景目标。

(2)科技创新,突破核心

在水路交通与清洁能源融合发展过程中,亟须提高自主创新能力。行业龙头企业和相关科研院所需集中优势力量,瞄准国际前沿,开展有组织的科研活动,加强核心技术研发,推动供给侧技术创新,解决需求侧应用技术问题,在示范和推广过程中逐步攻克关键核心技术,降低工程应用成本。

(3)工程示范,打造样板

评估各地港区资源能源化潜力,选择具有产业基础、研发实力、环保需求的区域作为先行区,建立示范试验区,先行先试。在总结积累经验的基础上再逐步扩展,为全国的水运交通基础设施与清洁能源融合发展探索经验,打造典型样板。

6.3 本章小结

本章针对"双碳"战略背景下港口与清洁能源融合发展过程中所面临的挑战,分析了目前港口行业自然禀赋能源应用方面的进展,对中国港口未来的用能形态与发展模式进行了分析和预测,提出了与中国国情相匹配的港口与清洁能源融合发展路径。

7

结论

本书采用平面二维潮流数学模型的技术手段,复演了我国典型强潮河口杭州湾海域的潮波运动规律,计算了舟山海域潮流能资源理论储量的时空分布特征、典型潮流能水轮机的技术可开发量,揭示了舟山海域典型港口用电能耗特征,分析了利用潮流能资源为杭州湾典型水运交通基础设施提供能源供给的可能性。主要结论如下。

(1)杭州湾口舟山海域由众多岛屿组成,群岛"东西成行、南北成列、面上成群"的分布格局造就了众多深浅不一、大小不等的水道,成为我国潮流能资源最为密集的海域,诸如龟山航门、灌门水道、西堠门水道和螺头水道,这四处水道年均潮流能功率密度峰值在 $6\sim8\ kW/m^2$ 之间,年均潮流能功率密度大于 $4.0\ kW/m^2$(对应潮流流速 $2.0\ m/s$)的区域面积分别为 149.2 万 m^2、100.96 万 m^2、187 万 m^2 和 335 万 m^2。

(2)潮流能功率密度是潮流能开发利用选址时的一个重要指标,但同时也需要考虑水深的限制条件。舟山海域水深空间变化较大,前人提出的基于浅水深的潮流能开发利用指数应用受限,本书通过考虑潮流能流向稳定性,改进了潮流能开发利用指数表达形式,从而适用于全水深的潮流能开发利用选址评估。

(3)结合 Seagen-S 2MW、Sabella D10 两种潮流能水轮机的设计参数,将改进的潮流能开发利用指数应用于舟山海域龟山航门、灌门水道、西堠门水道和螺头水道选址,计算了两种潮流能水轮机的技术可开发量。采用四参数评估方法,包括场址效率系数、有效时间因子、容量因子和能量输出,对两种潮流能水轮机的技术可开发量的特征进行分析。结果表明,在西堠门水道布置 Seagen-S 2MW 水轮机具有较高的场址效率系数、容量因子和能量输出,主要是由于 Seagen-S 2MW 水轮机具有较小的启动流速和较大的额定功率。在龟山航门布置 Sabella D10 水轮机具有较高的有效时间因子,主要原因是该水轮机具有较大的工作流速区间。

(4)舟山港域 2019—2021 年年均当量电力能耗为 971 694.7 MWh,Seagen-S 2MW 水轮机两排阵列(10 台)和 Sabella D10 水轮机两排阵列(10 台)的发电量分别为 58 898.4 MWh 和 18 537.6 MWh,分别为 2019—2021 年年均当量电力能耗的 6.1% 和 1.9%,占比较小。

(5)沿海港口基础设施将来的用能结构将以电能为主体,对于具有丰富可再生能源的港口而言,太阳能、风能、潮流能等一次能源具有良好的发展与应用前景。未来港口与清洁能源的融合发展,需要以可再生能源技术为载体,以自然资源禀赋为依托,从源头处逐步替换与改变传统的化石能源形式,形成"源—网—荷"规范化布置的多能源融合供能模式,增强港区能源自主保障能力,提高能源自洽率,形成低碳港口能源融合体系。

参考文献

［1］ TANG H S, QU K, CHEN G Q, et al. Potential sites for tidal power generation：A thorough search at coast of New Jersey, USA［J］. Renewable and Sustainable Energy Reviews，2014，39：412-425.

［2］ 王荃荃，秦川，鞠平，等. 考虑电池储能系统荷电状态的近海可再生能源综合发电协调控制［J］. 电网技术，2014，38(1)：80-86.

［3］ 新浪财经. 全球十大港口有七个在中国! 中国港口规模，世界第一［EB/OL］. (2022-07-21). https：//baijiahao. baidu. com/s? id＝1685110907796769734&wfr＝spider&for＝pc.

［4］ 贾利民，师瑞峰，吉莉，等. 我国道路交通与能源融合发展战略研究［J］. 中国工程科学，2022，24(3)：163-172.

［5］ NEILL S P, HAAS K A, THIEBOT J, et al. A review of tidal energy-Resource, feedbacks, and environmental interactions［J］. Journal of Renewable and Sustainable Energy，2021，13：062702.

［6］ 邰能灵，王萧博，黄文焘，等. 港口综合能源系统低碳化技术综述［J］. 电网技术，2022，46(10)：3749-3763.

［7］ 严新平，贺亚鹏，贺宜，等. 水路交通技术发展趋势［J］. 交通运输工程学报，2022，22(4)：1-9.

［8］ 王项南，麻常雷. "双碳"目标下海洋可再生能源资源开发利用［J］. 华电技术，2021，43(11)：91-96.

［9］ 陈娅玲. 潮流水轮机及阵列对周边流场影响研究［D］. 北京：清华大学，2016.

［10］ 李丹. 长江口杭州湾潮流能资源评估［D］. 杭州：浙江大学，2016.

［11］ WU H, YU H, DING J, et al. Modelling assessment of tidal current energy in the QiongZhou Strait, China［J］. Acta Oceanologica Sinica，2016，35(1)：21-29.

［12］ 张继生，王雅，唐子豪，等. 舟山潮流能示范工程水轮机组选址与阵列优化［J］. 河海大学学报，2018，46(3)：240-245.

［13］金伟康. 舟山海域潮流能资源评估及潮流能发电场选址［D］. 舟山：浙江海洋大学，2021.

［14］韩家新. 中国近海海洋——海洋可再生能源［M］. 北京：海洋出版社. 2015.

［15］韩家新. 中国近海海洋图集——海洋可再生能源［M］. 北京：海洋出版社. 2017.

［16］MAXIME T，ALEXEI S. Tidal stream resource assessment in the Dover Strait (eastern English Channel)［J］. International Journal of Marine Energy，2016，16：262-278.

［17］PIANO M，NEILL S P，LEWIS M J，et al. Tidal stream resource assessment uncertainty due to flow asymmetry and turbine yaw misalignment［J］. Renewable Energy，2017，114：1363-1375.

［18］NEILL S P，HASHEMI M R，LEWIS M J. The role of tidal asymmetry in characterizing the tidal energy resource of Orkney［J］. Renewable Energy，2014，68：337-350.

［19］LEWIS M，NEILL S P，ROBINS P. E，et al. Resource assessment for future generations of tidal-stream energy arrays［J］. Energy，2015，83：403-415.

［20］LEWIS M，O'HARA MURRAY R，FREDRIKSSON S，et al. A standardised tidal-stream power curve, optimised for the global resource［J］. Renewable Energy，2021，170：1308-1323.

［21］IGLESIAS G，SANCHEZ M，CARBALLO R，et al. The TSE index-A new tool for selecting tidal stream sites in depth-limited regions［J］. Renewable Energy，2012，48：350-357.

［22］武贺，韩林生，方舣洲，等. 潮流能开发利用指数方法研究与应用［J］. 太阳能学报，2021，42(6)：33-38.

［23］武贺. 潮流能资源精细化评估及微观选址方法研究［D］. 天津：天津大学，2020.

［24］RAMOS V，IGLESIAS G. Performance assessment of Tidal Stream Turbines：A parametric approach［J］. Energy Conversion and Management，2013，69：49-57.

［25］CHEN Y L，LIN B L，LIN J，et al. Effects of stream turbine array configuration on tidal current energy extraction near an island［J］. Computers & Geosciences，2015，77：20-28.

［26］RAMOS V，CARBALLO R，ALVAREZ M，et al. A port towards energy self-sufficiency using tidal stream power［J］. Energy，2014，71：432-444.

［27］Sánchez M，Carballo R，Ramos V，et al. Energy production from tidal currents in an estuary：A comparative study of floating and bottom-fixed turbines［J］. Energy，2014，77：802-811.

［28］O'Hara Murray R，Alejandro G. A modelling study of the tidal stream resource of the Pentland Firth，Scotland［J］. Renewable Energy，2017，102：326-340.

［29］袁裕鹏，袁成清，徐洪磊，等. 我国水路交通与能源融合发展路径探析［J］. 中国工程科学，2022，24(3)：184-194.

［30］彭传圣. 港口生产能耗和排放计算问题研究［J］. 港口装卸，2011，200(6)：25-30.

［31］蒋一鹏，袁成清，袁裕鹏，等."双碳"战略下中国港口与清洁能源融合发展路径探析［J］. 交通信息与安全，2023，41(2)：139-146.